자석의 ABC

자침에서부터 초전도자석까지

나카무라 히로시 지음
손영수 옮김

전파과학사

머리말

자석은 어릴 적부터 우리와 친숙한 존재이다.

여러분의 가정이나 학교, 사무실 등에 있는 철판으로 만들어진 흑판과 서가에는 포스터나 메모 등이 압정 대신 자석으로 붙여져 있다. 가정용 냉장고 문 안쪽을 보면 본체와 밀착하도록 고무질의 자석이 둘러 쳐져 있다. 그리고 방위를 가리키는 자침도 우리 신변에서 흔히 볼 수 있는 자석의 좋은 예이다.

이것들은 자석의 인력과 반발력의 원시적인 이용방법이라 할 수 있다.

자석의 이용방법은 M. 패러데이에 의한 전자기 유도현상의 발견 이래 크게 확대되어 왔다. 발전기나 모터에의 응용이 그러하다. 자석도 이쯤이 되면 이미 사람의 눈에는 잘 띄지 않게 되어 있다.

최근에는 자석 그 자체의 진보도 두드러지지만, 그 응용면에서도 이른바 하이테크에 자석이 도입되어 생각조차 못 했던 곳에서도 활용되고 있다. 이렇게 되면 자석은 점점 더 일반 사람들의 눈에서 거리가 멀어진다.

자석의 이와 같은 활약상은 전문서적이나 계몽서적에서도 다루어지고는 있지만, 그것은 물리학 또는 전기공학의 입장에서 쓰인 것이 대부분인 것 같다.

자석이 큰 역할을 하고 있음에도 이래서야 자석의 존재가 희미해지고 만다. 필자는 자신을 「자석쟁이」라고 생각하고 있으며, 그런 입장에서 자석의 활동상을 이야기할 수 있었으면 하고 생각해 왔다.

이야기가 다시 책으로 돌아가지만, 자석 그 자체를 알기 쉽게 쓴 적당한 책은 발견되지 않을뿐더러, 전문서적이라도 자석만을 다룬 것은 역시 많지 않다.

그렇다면 전문가가 아닌 일반 사람에게 자석을 이해시킬 만한, 또는 자석에 흥미를 갖게 할 만한 책을 자신이 직접 쓰면 어떨까 하는 생각을 혼자 품어 왔었다.

그러던 차에 고단샤(講談社)로부터 권유가 왔다. 몰래 간직했던 「생각」이 「결심」으로 바뀌었다. "옳다! 큰 역할을 하면서도 응달에 있는 자석을 무대 정면으로 등장시켜 보자"하고 생각했다.

이 책에서는 먼저 자석의 정체를 규명하는 데서부터 시작하여, 현재 어떤 자석들이 있고 그것이 어떻게 이용되고 있으며, 장래에는 어떤 가능성을 간직하고 있는가 등을 해설하기로 했다.

이야기를 진행하는 데 있어서는 다음의 점에 유의했다.

- 쉽고 일상적인 말을 사용한다.
- 수식을 쓰지 않고, 비유를 들며, 단순한 직감에 호소하는 설명을 한다.
- 그림과 사진을 가급적 많이 넣는다.
- 자석에 관한 전문용어는 되도록 적게 사용한다.

이런 생각으로 쓰기는 했으나 과연 의도대로 되었는지 어떤지는 독자의 판단에 맡겨야 하겠다.

이 책을 통해 한 사람이라도 더 많은 독자가 자석에 대해 친숙감을 갖게 되고, 인식을 새로이 하게 된다면 필자로서는 더 없는 기쁨이다.

끝으로 이 책을 집필할 계기를 만들어 준 친구인 퍼즐 매직 연구가 아시케하라 씨와, 귀중한 사진을 빌려주신 지카즈미(近角聽信) 선생님, 마쓰나가(松永是) 선생님, 또 각 관계 메이커에 감사드린다.

또 고단샤 과학도서 출판부의 고에다(小技一夫), 시모무라(下村祖) 씨에게는 이 책이 나오기까지 큰 신세를 졌다. 감사드린다.

나카무라 히로시

 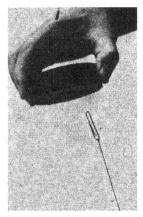

철을 끌어당긴다   떨어져 있어도 작용한다

차례

1장
자석이란?

1. 현대인에게 있어서의 자석이란?

A군의 경우

A군은 남자 사원이다. 교외에 자리 잡은 식당 겸 주방과 방하나가 딸린 1인 전용 아파트에 살고 있다.

그는 전자 자명종 시계의 알람 소리에 눈을 뜬다. 이 시계의 심장부는 자석으로 움직여지는 특수한 모터이다. A군의 바쁜 하루는 이렇게 자석과의 관계에서부터 시작되는 것이다.

세수를 하기 위해 세면대 앞에 서면 물기가 잘 빠지라고 자석식 홀더에 비누가 부착되어 있다. 비누 같은 것도 잘 연구하면 자석으로 매달아 둘 수가 있다.

세수가 끝나면 수염을 깎는다. 그가 늘 사용하는 전지식 면도기의 스위치를 넣으면 자성 모터가 경쾌한 소리를 내며 돌아간다. 그리고는 아침식사를 준비하러 주방으로 간다. 식당과 주방 사이에는 아코디언커튼으로 칸막이가 되어 있다. 이 커튼에는 한쪽 끝에 자석이 붙어 있고, 그것이 벽면의 쇳조각에 밀착되어 있다. A군은 이것을 열어젖히고 주방으로 들어간다.

우선 냉장고에서 우유와 버터를 끄집어낸다. 냉장고의 도어 안쪽에는 가장자리에 패킹용 고무자석이 둘러쳐 있다. 이 덕분에 도어를 세차게 쾅! 하고 닫지 않아도, 본체에 접근만 하면 도어가 찰칵하고 밀폐된다.

우유를 컵에 담아 전자레인지로 데운다. 전자레인지에는 파장이 짧은 전파를 내기 위한 마그네트론이라는 발진관이 붙어 있고, 이것에도 자석이 쓰이고 있다. 전자레인지도 사용하기 편한 자석이 있었기 때문에 널리 보급될 수 있었던 것이다.

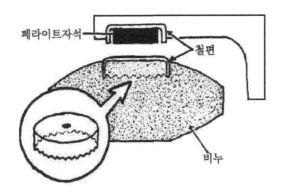

페라이트자석
철편
비누

〈그림 1-1〉 비누를 매다는 자석

　출근 전에는 신문도 대충 훑어보아야 한다. 직장에서 하는 일에 참고가 되기 때문이다. A군은 식사를 하면서 신문을 읽는다.
　그는 굉장한 전동차 마니아(Mania)이다. 커다란 광고가 눈에 들어온다. A군이 좋아하는 자동차의 그림이 실려 있다. 그러나 이것은 자동차 자체의, 광고가 아니라, 어떤 전기 메이커의 모터 광고이다. 그것에는 「한 대에 모터만 무려 40군데! 이것이 진짜 모터카!」라는 선전문이 나와 있다.
　A군은 통근에 자전거를 이용한다. 지하철역까지는 자전거로 간다. 마이카는 근처에 있는 주차장에 맡겨 두고 주말의 레져용으로만 쓴다. 지금의 차는 벌써 10만 킬로미터 이상을 뛰었기 때문에, 이 광고가 유난히 눈에 띄는가 보다. 이 자동차의 모터도 모두 자석식이다. 자석은 여러 곳에서 굉장한 활약을 하고 있다. 그러나 지금은 출근길이 바쁘다. 광고를 볼 겨를이 없다.
　A군은 매우 부지런하다. 식후의 설거지를 마치고는 퇴근 후

에 와서 먹을 저녁식사까지도 준비해 둔다. 밥이 만들어져 있도록 전기밥솥에 쌀을 담고 타임스위치를 조정해 둔다. 이 전기밥솥에도 자석이 사용되고 있다. 밥이 다 되면 그 온도에서 스위치가 자동으로 끊어지게 되어 있는데 이것에도 자석이 응용되고 있는 것이다.

이제는 출근이다. A군은 휴대용 소형 테이프레코더를 갖고 나간다. 방문을 잠근다. 그런데 이 키가 보통 것과는 좀 색다르다. 500원짜리 주화보다 약간 작은 원판으로 되어 있는데, 두께는 5㎜가 될 듯 말듯 하다. 그것에 손잡이가 달렸을 뿐이다. 도어의 손잡이 부근에는 열쇠 구멍 같은 것이 전혀 보이지 않는다. 도어는 어떻게 잠그는 것일까?

손잡이 바로 위쪽에 원형으로 된 쇠붙이가 있고, 그것에는 야트막하게 패인 오목한 곳이 있다. A군은 이 오목한 곳에 그가 가진 키 같은 것을 대고 살짝 비틀었다. 이것으로 도어가 잠긴 것이다. 그는 습관적으로 손잡이를 한두 번 돌려보고 완전히 잠긴 것을 확인한다.

아파트에서 전철역까지는 자전거로 간다. 아침이라서 라이트를 켤 필요는 없으나 자전거에는 자석발전기가 달려 있다. 역까지는 10분쯤의 거리인데 테이프레코더로 음악을 들으면서 가볍게 달려간다. 테이프레코더의 본체와 이어폰에도 자석이 들어 있다. 핸들을 잡은 손목에는 전자시계가 재깍거리고 있다. 이것에도 자석을 쓴 모터가 들어가 있다.

전철역에서부터는 전철과 버스를 갈아타고 직장으로 간다. 이 도중에서도, 또 사무실에서도 여러 가지 형태로 자석과 관계 하고 있다.

〈사진 1-2〉 자전거 램프용 발전기

A군은 사무직을 맡고 있지만, 일을 할 때에도 자석을 이용한 전화기, 퍼스컴, 복사기에서부터 팩시밀리에 이르기까지 각종 기기의 혜택을 입고 있다. 이렇듯이 A군의 생활에는 자석과의 관계가 매우 밀접하다. 직장에서의 일은 이쯤으로 접어두고, A군의 퇴근 후의 한때를 살펴보자.

A군의 취미

A군의 취미는 요술놀이이다. 주방 겸 식당의 한 구석에 찬장이 있고, 거기에는 요술 책과 요술 도구들이 들어 있다. A군은 거기서 무엇을 들고 나와 손끝으로 만지작거리고 있다. 때마침 약속이나 한 듯이 친구 B군이 놀러 왔다. 그래서 곧 요술놀이가 시작되었다.

그는 B군에게, 작은 자석과 낡은 50원짜리 니켈 주화 한 개를 내보이면서 말했다.

A「이건 니켈 주화니까 자석에 붙겠지」

하며 붙여 보였다. 이번에는 10원짜리 동전을 보이면서

A「이것도 붙을까?」

B「동전 따위는 붙지 않겠지」

A「그래, 맞았어. 보통은 그렇지. 그런데 이 자석은 특별한
것이어서 10원짜리 동전도 척척 붙는다 그 말씀이야」

하고 손가락 끝에 얹은 10원짜리 동전에 자석을 갖다 댔
다. 그러자 정말 동전이 찰싹 달라붙었다.

B「어? 이상한데, 어디 좀 봐」

하고 자석과 10원짜리 동전을 받아 들고 붙여 보았으나
붙지 않는다.

A「하하하, 그 자석은 다른 사람이 가지면 신통력을 잃어버
리거든」

　　　　　　　※ 누구라도 할 수 있는 요술이다. 방법은 뒤에 나온다.

A군은 B군이 놀라는 것을 보고 기분이 우쭐하여, 이번에는
1m 남짓한 밧줄 한 가닥을 가져왔다. 이것을 한가운데서 둘로
접어 가위로 싹둑 잘랐다. 두 가닥이 된 밧줄을 한 가닥씩 손
에 들고 흔들어 보였다. 그리고는 두 가닥으로 잘린 밧줄의 한
끝씩을 왼손 주먹 속으로 밀어 넣은 뒤, 훅하고 숨을 내뿜고는
밧줄을 슬슬 잡아당기자, 정말로 놀랍게도 밧줄은 본래처럼 한
가닥으로 이어져 있었다.

자석에 흥미를 갖는 독자들은 벌써 이 비밀을 알아챘을 것이
다. 이 밧줄은 본래 두 가닥이었고, 한쪽 끝에 각각 자석을 묻

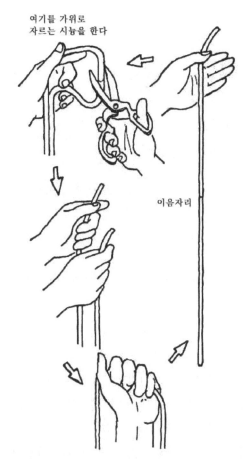

여기를 가위로
자르는 시늉을 한다

이음자리

〈그림 1-3〉 빗줄을 자르는 요술

어 두었던 것이다. 그러니까 이어져 있던 부분을 가위로 자르
는 시늉만 하면 된다.

이 가위도 요즈음에는 좋은 것이 나와 있다. 하이테크 제품
인 세라믹스 가위가 있다. 보통의 쇠붙이 가위라면, 밧줄을 자
르는 시늉을 하다가 자칫 밧줄 속의 자석이 가위에 달라붙는

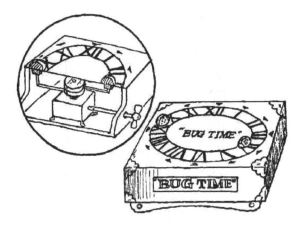

〈그림 1-4〉 무당벌레 시계의 구조

일이 있다. 이래서야 망신감이다. 하이테크의 혜택은 별난 데까지 미치고 있다.

A군은 자석을 이용한 요술, 자석을 쓰지 않는 요술들을 B군에게 자랑하며 으스대다가 문득 생각난 듯이 「자석을 요술에 이용한다지만, 이건 별로 신기한 게 아니야」하며 1925년경에 미국에서 발간된 『파퓰러 매직』이라는 귀한 잡지를 들고 왔다. 여기에는 별난 시계가 소개되어 있다.

이것은 당시의 호사가(好事家)를 위한 기사였겠지만, 최근에도 여러 가지 별난 시계가 시판되고 있다. 어쨌든 이 기사에 실린 시계는 시침과 분침 대신 무당벌레가 문자판 위를 기어가서 시각을 알려 준다.

문자판에는 보통 시계와 마찬가지로 Ⅰ~Ⅻ까지의 숫자가 적혀있을 뿐, 시침도 분침도 없이 밋밋하다. 숫자가 배치된 원둘레 위와 그 안쪽에는 한 마리씩의 무당벌레가 있을 뿐이다. 그

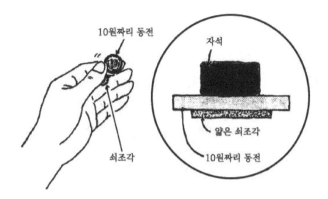

〈그림 1-5〉 자석과 10원짜리 동전의 요술

무당벌레가 머물러 있는 자리가 곧 시침과 분침의 위치를 가리 킨다.

　진짜 시침과 분침은 문자판의 뒤쪽에서 돌아가고 있다. 바늘 끝에 자석이 붙어 있어 그것이 문자판을 통해 무당벌레를 끌어 당기고 있다. 무당벌레의 배에는 쇳조각이 붙여져 있어, 무당벌 레는 바늘 끝의 위치를 가리키며 기어가서 시각을 알린다. 문 자판은 물론 철판으로 되어 있지 않다.

　이런 아이디어를 지금의 기술로써 재검토하면 재미있는 시계 가 만들어질 것이다.

☆ 「A군의 취미」의 요술풀이

　비밀은 원형(지름 12㎜ 정도)의 얄팍한 쇳조각에 있다. 빈 깡 통(알루미늄 깡통은 안 됨)을 잘라 쓰면 된다. 니켈주화는 손에 넣기가 힘들므로, 적당한 쇠붙이로 된 소품(병마개 뚜껑 등)을 이용하면 마찬가지 효과가 있다. 자석은 시중에서 파는 마그넷 압정 등을 사용한다.

방법은, 쇳조각을 상대방이 모르게 10원짜리 동전 밑에 겹치기만 하면 된다. 이것으로 10원짜리 동전을 통해 그 밑의 쇳조각을 달라붙게 하는 것이다. 상대에게 시킬 때는 자석과 10원짜리 동전만 건네준다. 10원짜리 동전을 엄지로 밀어내고, 쇳조각은 상대에게 보이지 않게 자기 손가락 밑에 남겨 두면 된다.

2. 옛날 사람에게 있어서의 자석이란?

자석의 발견

자석은 이상한 힘을 지니고 있다. 처음으로 쇠를 끌어당기거나 남북을 가리키거나 하는 힘에 대해 알았을 때 사람들은 얼마나 놀라워했을까?

쇠를 끌어당기는 이상한 돌이 있다는 것을 인간이 처음 알게 된 것은, 서양에서는 기원전 7세기경이고, 중국에서는 기원전 3세기경이라고 한다. 이 돌은 지금에 와서 생각해 보면 자석으로 되어 있는 자철광(磁鐵鑛)과 같은 천연으로 산출되는 광석이었을 것이다.

쇠가 자석에 부착되는 것은 어떻게 보면 마치 아이들이 자애로운 어머니를 그리워하여 모여드는 것과도 비슷하다. 그래서 중국에서는 "慈石(자석)"이라 쓰게 되었고, 그것이 다시 "磁石"으로 바뀌었다는 설이 있다.

떨어져 있는 것을 끌어당기는 힘, 더구나 나뭇조각이나 구리판 등을 사이에 두어도 쇠를 끌어 붙이는 힘은, 옛날 사람들에

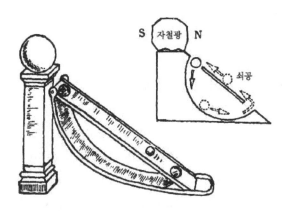

〈그림 1-6〉 길버트의 자석을 사용한 영구운동장치

게는 경이의 표적이자 마력처럼 보였을 것이 틀림없다. 그런 일로부터 자석에 얽힌 미신과 속설(俗說)이 생겼다.

이 불가사의하게 생각되던 자석을 최초로 본격적으로 연구했다고 일컬어지는 사람이, 영국의 엘리자베스 1세의 시의(侍醫)였던 길버트(W. Gilbert)이다. 그는 1600년에 자석에 관한 저서를 내놓았다. 그 책에서 자석을 둘러싼 당시의 미신 비슷한 것 몇 가지를 예로 들고, 그것이 잘못이라는 것을 지적하고 있다.

그러한 길버트도 자석의 매력에 사로잡혔었던지 재미있는 일을 그 저서에 기록하고 있다. 그것은 자석을 사용한 영구운동(永久運動) 장치이다. 영구운동 장치라는 것은 외부로부터 힘을 주지 않아도, 일단 출발만 시켜 놓으면 영구히 운동을 계속한다는 꿈의 장치이다. 에너지 이론상 불가능하다는 것이 입증되어 있는데도, 예나 지금이나 거리의 발명가들에게 커다란 흥미를 끌게 하는 것이 바로 이 영구운동 장치이다.

길버트는 중력과 자기력을 조합한 〈그림 1-6〉과 같은 장치를 생각했다.

쇠공을 자석이 있는 곁에서부터 일단 떨어뜨린 다음, 그것을 자기력의 인력으로 빗면을 이용하여 본래의 위치까지 끌어올리는 것이다. 공은 자석 바로 앞에 뚫어진 구멍에서 아래로 떨어지게 되어 있다. 거기서부터 쇠구슬은 빗면 맨 아랫부분까지 굴러갔다가 그 반동으로 다시 빗면에 올라서고, 그 순간에 자석은 공을 다시 빗면 상부까지 끌어 올린다는 것이다. 이 운동은 몇 번이든지 반복될 수 있을 것이라는 생각이다.

길버트는 이것을 실제로 실험해 보았을 것이 틀림없다. 그러나 그 결과는 뻔했을 것이다. 좀 더 강력한 자석만 있다면 하고 못내 안타까워했을 길버트의 심정은 생각하고도 남을 것이다.

또 자석이 남북을 가리킨다는 것을 사람이 알게 된 것은 훨씬 더 후의 일로서, 중국에서는 11세기 초에 나온 책에 기록이 남아 있고, 서양에서는 이보다 훨씬 뒤에 알려진 일이다.

이 현상은 얼마 후에 방위(方位) 컴퍼스로서 항해에 사용되었다. 자석이 인간에게 직접으로 도움을 주게 된 것이다. 그리고 과학적인 뒷받침도 차츰 이루어져 갔다.

그러나 한편에서는 여전히 예로부터의 마력적이며 미신적인 생각도 쇠퇴하지 않고 전해지고 있었다. 이를테면 1700년대 말경에는 유럽에서 자석을 사용하는 최면요법이 유행하고 있었다.

그것도 무리가 아니었을 것이라는 생각이 든다. 현재는 자석에 관한 여러 가지 학문적인 것을 알고 있다. 그러나 아직도 모든 것을 모조리 다 알았다고는 말할 수 없다. 이 문명세계에서도 자석은 우리를 사로잡는 매력을 계속하여 지니고 있는 것이다.

3. 자석이란 어떤 것인가?

자석의 성질

사람과 자석과의 관계를 대충 훑어보았는데, 자석 자체에 대해서는 아직도 구체적인 이야기를 하지 않았다. 이야기를 다시 원점으로 되돌려서 자석이란 어떤 것인가를 생각해 보기로 하자. 우리는 모두 다음과 같은 것을 알고 있다.

① 자석이란 쇠를 끌어 붙이는 물체이다.

② 잘만 지탱시키면 남북을 가리킨다(북을 가리키는 끝을 N극, 남을 가리키는 쪽을 S극이라 부른다).

③ 쇠가 달라붙는 것은 이 극 부분이다.

④ 두 개의 자석을 갖다 대면 같은 극끼리는 반발하고 다른 극끼리는 서로 당긴다.

사실 그대로지만, 한 걸음 더 나아가서 생각해 보면 어떨까? 이를테면 ④와 같은 것은 틀림없는 일일까? 같은 극끼리라고 하면, 한 무리일 터이므로 서로는 반발하지 않고 끌어당길 것 같은데 말이다.

서로 끌어당기는 것은 같은 극이 아니라는 말인가?—의문 1

그리고 자석은 어떤 모양을 하고 있느냐? 라는 질문에는 무엇이라고 대답할 것인가?

여러분의 머리에 맨 처음으로 떠오르는 것은 마그넷 압정에 붙어 있는 것과 같은 납작하거나 원형을 한 자석이 아닐까? 말굽자석이나 길쭉한 막대자석 같은 것도 생각할 수 있고, 냉장

〈사진 1-7〉 말굽형 자석과 자침

고의 도어 주위에 둘러쳐진 고무자석을 생각할지도 모른다. 그런데 기다란 고무자석의 N극, S극은 주위의 긴 쪽 방향으로 붙어 있는 것이 아니다. 즉 길쭉한 자석이 아닌 것이다.

말굽자석이나 길쭉한 막대자석 따위는 학교의 과학실험실에서나 본 적이 있을 것이다. 그러나 나이가 든 어른들(필자도 포함해서)에게는, 자석이라고 하면 곧 말굽자석이나 막대자석이 생각난다.

그러나 요즈음에는 별 자석이 다 나와 있다. 필자는 어느 장난감 가게 앞에서 손바닥보다 한 둘레나 더 큰 말굽자석을 본 적이 있다. 그런데 그것을 자세히 살펴본즉, 본체는 플라스틱으로 만들어졌고 양 끝의 극에 해당하는 부분에만 납작한 자석이 붙어 있었다.

나이 든 사람들이 이렇게도 말굽자석에 집착하고 있는 것은, 이 사람들이 어렸을 때는 납작한 자석 따위는 본 적도 들은 적도 없었기 때문이다.

그런데 왜 지금은 자석이라고 하면 납작한 것을 생각하게 되었을까?—의문 2

「자석이란 무엇인가?」를 궁리해 나가면 이와 같은 의문들이 자꾸만 생겨난다. 또 우리 주위에 있는 자석의 작용을 이해하는 데는 알고 있어야 할 일이 많다. 그런 것들을 2장에서 펼쳐질 자석 학교로 들어가서 배워보기로 하자.

〈의문 1〉은 자석 학교의 과정으로 말하면, 1학년 수준의 것으로 실험을 해서 확인한다. 중학교의 과학시간에서 자석을 배워 잘 알고 있는 사람은, 자석 학교의 1학년 과정을 건너뛰어 2학년 과정으로 들어가도 좋다.

〈의문 2〉는 자석 학교를 졸업하지 않으면 좀처럼 알기 힘들 것이다. 그 다음의 일을 이해하기 위해서도 예비지식으로서 자석 학교 정도의 실력을 가졌으면 하고 바란다.

4. 자연계의 거대자석과 미소자석

지구는 거대한 자석

여태까지는 아주 상식적인 자석 이야기를 했다. 이번에는 좀 별난, 아니 아주 별난 자석을 등장시키겠다.

그것은 인간이 만든 것이 아니다. 엄청나게 거대한 자석과 상상조차 할 수 없이 작디작은 자석이 자연계에 실존한다.

거대한 자석이란 바로 "지구"라고 하는 자석이다. 지구의 북극에 가까운 곳에는 방위자침(方位磁針)의 N극을 끌어당기는 지

자기(地磁氣)의 남(S)극이 있고, 지구의 남극 부근에는 방위자침의 S극을 끌어당기는 지자기의 북(N)극이 있다(지리학적인 극과 지자기의 극과는 N-S가 반대이므로 틀리지 않게 주의할 것).

지구가 어째서 자석의 작용을 하느냐? 그 원인에 대해서는 예로부터 여러 가지 학설이 주장되어 왔다. 그러나 아직도 결정적인 설명은 없다.

지구자석의 성인(成因)은 따로 접어두고라도, 지구가 자석으로써, 그 양극에다 방위자침의 방향을 돌려놓고 있는 것만은 사실이다. 그리고 이 지자기에 대해 연구해 가면 재미있는 사실에 도달하게 된다. 그것은 지구의 자극이 있는 장소가 오랜 세월 사이에 바뀐다는 사실이다. 어느 시대에는 지금의 N과 S가 바뀌어 있었던 시대조차 있었다.

인간이 방위 자침을 사용하게 되고서부터의 일이라고 하면, 그 기록을 조사하여 지자기의 방향을 알 수 있다. 그러나 수천, 수만 년 전의 일이 되면 그런 조사는 불가능하다. 그렇다면 어떻게 하여 조사하는 것일까? 그것에는 "지구 자기의 화석"을 연구하는 것이다.

지구자기의 화석

이상한 말이 나왔다. 그것은 이런 것이다.

어떤 종류의 암석은 10억 년이나 전에 지구의 자기에 의해 자석이 되었다. 그 자석의 자기는 오랜 세월을 거쳐 현재도 안정된 상태로 남겨져 있다. 이것은 10억 년 전에 자석이 된 상태를 현재까지 그대로 전해 주고 있는 것이므로 태곳적의 자화(磁化)상태를 가리키는 화석이라고 말해도 된다.

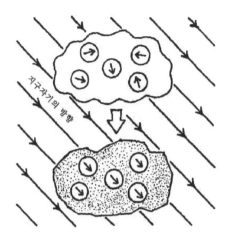

〈그림 1-8〉 식은 용암은 지구자기와 같은 방향의 자기를 지니게 된다

화산에서부터 분출한 용암은 자철광 따위라도 온도가 높을 때는 자기를 띠고 있지 않다. 온도가 내려가 어느 온도(뒤에서 설명하겠지만 퀴리온도라고 한다)보다 낮아지면 지구자기에 의해 남북방향으로 자화되어 자석이 된다. 용암이, 이를테면 자철광이라면 이 자석으로 된 상태가 상온에서 그대로 고정된다. 그리하여 남북방향을 가리키는 자침이 그대로 암석에 고착되어 버리는 것이다.

따라서 화산 가까운 데서 자기를 띠고 있는 화성암의 자화방향을 측정하면, 그 암석이 지구자기의 작용을 받으며 식었을 때의 자석으로 된 방향을 알 수 있다. 즉 화산이 활동하고 있던 시대의 지구자극의 방향을 알게 되는 것이다. 동식물의 화석을 조사하여 그것들이 살고 있던 시대의 일을 연구하는 것과 똑같다.

이와 같이 자기를 띤 화석을 조사하여 지구자기의 변화를 연구하는 학문을 고지자기학(古地磁氣學)이라고 한다. 이 화석에 해당하는 것이 바로 자철광이다. 약하지만서도 자석으로 되어 있는 이 자철광은 현재 가장 널리 사용되고 있는 페라이트(Ferrite, 철) 자석이라는 자석의 조상이라고 해도 되는 것이다.

자석은 뜻밖의 곳에서 지구를 연구하는 데 큰 도움을 주고 있다.

작디작은 자석

결론부터 말하자면, 체내에 작디작은 자석을 가진 생물이 있다.

철새에는 제비와 같은 여름새, 기러기와 같은 가을새, 봄과 가을에 찾아오는 도요새류와 같은 것이 있다. 그것들은 거의 대부분이 지구를 남북으로 대이동한다. 그들은 어떤 자기를 감지하여 진로를 결정하고 있는 것이 아닐까 하고 연구를 하고 있으며, 그것이 사실로 밝혀지고 있다.

비둘기는 전서구(傳書鳩)로서 잘 알려져 있듯이, 자기 집을 찾아가는 뛰어난 방향감각을 가지고 있다. 이 문제에 관해, 1979년에 비둘기의 머리에 작은 자침이 있다는 사실이 미국에서 발견되었다.

비둘기의 머리뼈와 뇌의 경막(硬膜) 사이에는 2×1㎜ 정도의 작은 조직이 있고, 그 속에서 미소한 마그네타이트 덩어리가 발견되었다. 이것은 자철광의 주성분이므로 작은 자침에 해당하는 셈이다. 더구나 비둘기가 지니고 있는 마그네타이트는 너비가 길이의 1/4 정도라고 하므로 자침이라는 말에 걸맞은 형태이다. 비둘기는 이것을 자기(磁氣)컴퍼스로 하는 방법을 취하고 있을 것이라는 연구가 계속되고 있다.

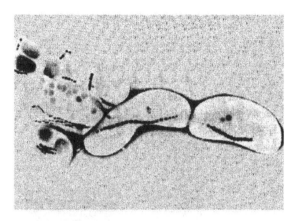

〈사진 1-9〉 자성박테리아의 전자현미경 사진(미쓰나가 씨 제공)

이보다 훨씬 더 작은 자석이, 이것도 미국에서 박테리아 속에서 발견되었다(1975). 이 박테리아[주자성(走磁性)세균]는 지자기를 감지하여 그 방향으로 헤엄쳐 간다. 북반구에 있는 이 박테리아는 북극(지자기의 S극)으로 향해 헤엄치고, 남반구에 있는 것은 남극대자기의 N극을 향해 헤엄친다.

전자현미경으로 조사해 보면, 이 박테리아는 몸길이가 $2 \sim 3\mu$ (미크론 : 1μ은 1000분의 1㎜)이고, 체내에 0.04μ 정도의 마그네타이트 입자 수십 개가 염주처럼 배열되어 있는 것을 알 수 있다. 이 마그네타이트가 컴퍼스가 되어 박테리아는 북극을 겨냥하여 헤엄치는 것이다.

자연계에 있는 이와 같은 작은 자석은 우리와는 아무 관계가 없을 것 같지만 그렇다고만 말할 수는 없다.

이 자석을 지닌 박테리아는 주위 환경에 있는 철분을 3만~4만 배로 농축시켜 체내에 저장한다. 자원의 회수방법으로 이용할 수 있는 가능성이 있을지도 모른다.

물체를 사이에 두고도 부착하는 자석

　이 박테리아 속에 배열되어 있는 마그네타이트의 초미립자는 형태와 크기가 균일한 결정구조를 지니고 있다. 이와 같이 균일하다는 것은 그것을 여러모로 다루기 쉽게 해 준다. 이 특성을 이용하여 생물의 세포 속에 초미립자의 마그네타이트를 옮겨 놓는다면(융합시킨다면) 자기에 반응하는 세포가 만들어질 것이다. 현재의 단계로는 적혈구세포 등에서 성공하고 있을 뿐이지만, 앞으로의 연구에 따라서는 암의 치료 등에 응용할 수 있을 것으로 기대되고 있다.

　또 이 0.04μ이라는 초미립자인 마그네타이트는 현재 인공적으로 만들 수 있는 것의 1/10 정도의 크기이다. 더군다나 그 형태와 크기가 균일하다는 것은, 자기테이프에 칠하고 있는 자성산화철(磁性酸化鐵) 분말로 사용할 때 테이프의 성능을 향상시키는 데 크게 기대되는 것이다. 테이프의 자성 분말에는 마그네타이트와 같은 계통의 산화물이 사용되고 있다.

박테리아 속에서 마그네타이트의 미소결정(微小結晶)이 어떻게 만들어지는지 그 과정을 조사하는 것은 자기테이프의 성능 향상에 큰 도움이 될지 모른다.

박테리아와 자기테이프, 정말 생각지도 못한 결합이 아닐 수 없다. 박테리아의 체내에 페라이트 자석의 일종이 숨어 있었다는 것은 뜻밖의 일이다.

2장
자석 학교

1. 자석 학교(1학년 과정)

여러분은 자석으로 못이나 바늘 따위를 붙여 본 적이 있을 것이다. 그것을 가정에서 다시 실험해 보자.

어느 가정에도 다 있을 만한 자석이라면 어떤 것이 있을까? 냉장고에 자석이 붙어 있다는 것은 앞에서 말했다. 냉장고는 도어를 밀폐하기 위해, 도어 안쪽의 둘레에 플라스틱으로 된 패킹을 부착해 두고 있다. 자석은 그 속에 넣어져 있다. 거기에다 〈그림 2-1〉과 같이 바늘을 붙여 보자. 바늘은 짧은 것보다 길이 5~6㎝ 정도의 굵은 것이 좋다.

이 바늘을 자석에서 떼어 내면 바늘 자체가 약한 자석이 되어 있다. 이것을 가리켜 바늘이 "자화(磁化)했다"고 한다. 자화가 되었다는 증거로는, 이 바늘 끝을 자화가 되지 않은 다른 바늘에 갖다 대었을 때, 그것이 달라붙는 것으로 보아 자화가 되었다는 사실이 확인된다.

그렇다면 이 바늘을 실에다 수평으로 매달면 남북을 가리키게 될 것이다. 그러나 기울어지지 않게 수평으로 매달기는 매우 어렵다. 어떻게 하면 될까?

만약 바늘을 수면에 띄울 수만 있다면 틀림없이 수평이 될 것이다. 한 번 실험해 보기로 하자. 핀셋 등으로 바늘을 집어 가만히 수면에 올려놓으면 가라앉지 않는다.

그것이 어려우면 다른 방법이 있다. 고급 화장지와 같은 박엽지를 잘게 잘라서 물 위에 띄운다. 이 위에다 바늘을 얹고 성냥개비나 이쑤시개 등으로 종이만 살그머니 가라앉히면, 바늘은 가라앉지 않고 수면에 떠 있다.

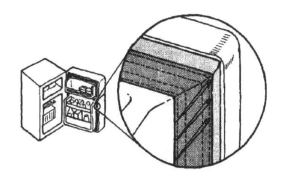

〈그림 2-1〉 냉장고의 고무자석에 의한 자화

이런 일이 가능한 것은 물의 표면장력(表面張力)에 의한 것인데, 자석과는 직접적인 관계가 없기 때문에 여기서는 이 이상의 설명은 생략하겠다.

수면에 뜬 바늘은 스스로 방향을 바꾸어 남북을 가리키는 위치에서 멎는다.

이 실험에서 주의할 일은, 물그릇은 사기그릇이나 플라스틱으로 만든 접시를 사용해야 한다는 점이다. 만일 철판으로 된 용기를 사용하면 정확한 방위를 가리키지 않기 때문이다.

바늘 대신 종이나 서류를 끼우는 데 쓰는 클립으로도 똑같은 실험을 할 수 있다. 수면에 띄우기는 바늘보다 수월할 것이다. 시험해 보자.

그런데 여태까지는 실험을 해도 자석의 양단에 S극과 N극이 있어 그것들이 서로 끌어당기거나 또는 남북을 가리킨다는, 처음부터 알고 있는 사실을 실험했다. 이번에는 그와 같은 지식이 없다고 하고, 자석의 기본적인 성질을 실험으로 조사하고 그것을 생각해 보기로 하자. 자석은 쇠를 끌어당긴다는 사실만

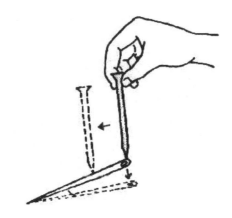

〈그림 2-2〉 자화된 바늘의 자극을 조사한다

알고 있고, 그 밖의 것은 아무것도 모른다는 입장에서 실험을 진행해 나가기로 한다.

자극의 발견

처음에 했던 것과 같은 방법으로 냉장고의 도어에 붙어 있는 자석으로, 세 개의 바늘을 귀가 가지런하게 배치하여 자화한다. 이 밖에 자화가 되지 않은 바늘을 두세 개 준비해 둔다.

자석이 되어 있는 바늘 한 개를 책상 위에 뉘어둔다. 그 끝에 못을 달라붙게 하여 〈그림 2-2〉와 같이 들어 올린다. 그대로 못을 바늘 끝 쪽으로 가만히 옮겨가면, 바늘의 중앙보다 꽤나 앞쪽에서 바늘이 뚝 떨어진다. 바늘의 방향을 반대로 해도 같은 일이 일어난다.

이것에서부터 인력(引力)이 강한 부분은 자석의 양단 가까운 부분에 있다는 것을 알 수 있다. 이 부분을 자석의 극 또는 자극(磁極)이라고 한다.

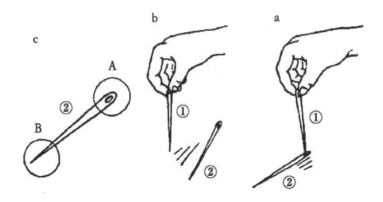

〈그림 2-3〉 자극의 성질을 조사하는 실험

그렇다면 자석의 양단 부분은 똑같은 성질을 가졌을까? 쇠를 끌어 붙인다는 점에서는 같은 성질인 것처럼 보인다. 사실은 이것을 조사하기 위해, 처음에 세 개의 바늘을 자석으로 만들어 두었던 것이다.

자극의 성질을 조사한다

한 개의 바늘 ①의 귀를 집어 들고, 또 한 개의 바늘 ②는 판판한 책상 위에 뉘어둔다. ①의 뾰족한 끝을 ②의 귀에 접근시키면 ②는 끌어당겨져서 달라붙는다(〈그림 2-3〉의 a).

이번에는 ①을 ②의 뾰족한 끝에 접근시키면 대굴대굴 구르면서 도망친다. 귀끼리 해 보아도 같은 일이 일어난다(〈그림 2-3〉의 b 참조).

이렇게 해 보면 자석의 양단은 성질이 다르다는 것을 알 수 있다. 즉 자석 ②에서는 한쪽 자극은 「A」라는 성질을, 다른 자극은 「B」라는 성질을 가졌다고 생각하면 될 것이다(〈그림 2-3〉

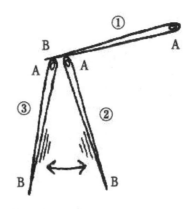

〈그림 2-4〉 자극끼리의 반발과 당김

의 c 참조).

자석으로 만들어 둔 세 번째의 바늘 ③을 사용하여 A, B라는 자극의 성질을 조사하자. ①과 ②의 경우와 같은 결과가 될 것이라고 예상되는데 과연 어떨는지?

바늘 ①의 뾰족한 끝에서 바늘 ②와 ③이 달라붙는 끝(자극)을 발견해 보자(〈그림 2-4〉 참조).

②와 ③의 귀 쪽이 달라붙을 것이다. 어느 쪽도 ①의 같은 자극에 이끌렸기 때문에 ②와 ③의 귀는 같은 성질 「A」의 자극이라 생각해도 된다.

그렇다면 같은 A라는 자극끼리는 사이가 좋은지 어떤지를 조사해 보자. ②와 ③의 귀(A)를 접근시키면, 사이가 좋기는커녕 A와 A는 서로 반발하여 떨어져 나가려고 한다. ②와 ③의 뾰족한 끝(B)끼리 접근시켜도 서로 반발한다(〈그림 2-4〉 참조).

이것으로 같은 성질의 자극 A와 A, 또는 B와 B는 서로 반발한다는 것을 알았다.

그러면 다른 성질의 자극 A와 B는 어떻게 될까? A와 B를 접근시키면 서로 끌어당긴다는 것을 금방 알 수 있다.

복잡한 절차를 밟아 왔으나, 이렇게 하여 같은 종류의 자극끼리는 반발하고, 다른 종류의 자극끼리는 끌어당긴다는 사실을 확인할 수 있었다.

①의 B에 ②와 ③의 A를 붙여주면 〈그림 2-4〉와 같이 된다는 것도 이해할 수 있다.

자극의 경우는, 자극을 A, B라고 말하지 않고 N극, S극이라고 부른다는 것은 잘 알려진 그대로다. 북(North)과 남(South)을 가리킨다는 것은 말할 나위도 없다.

쇠를 자석으로 만드는 것은 자기력선

자석 학교에 들어와서 첫 번째로 한 실험은 바늘을 자화하여 자석으로 만드는 일이었다. 즉 냉장고의 도어에 있는 패킹용 자석에 붙여 놓았던 바늘이 자석으로 되었던 것이다.

나무나 유리막대로는 방법이 없지만, 쇠같이 자석에 끌리는 것(이것을 자성체라고 한다)이면, 일단 자석에 붙여 주기만 하면 떼어 낸 뒤에도 자석인 채로 있다. 다만 쇠 계통이라도 종류에 따라서 만들어지는 자석의 세기가 강하거나 약하거나 한다.

마그넷 압정과 같은 좀 더 강력한 자석으로 실험해 보자. 이것이면 못이건 종이를 끼우는 클립이건 바늘이건 줄줄이 연결해 붙일 수가 있다. 이것은 바탕이 되는 마그넷 압정의 자석에 의해서 먼저 못이 자화하여 자석이 되고, 그 다음 번의 클립도 자석이 되어 바늘을 끌어당기고 있다. 물론 이 바늘도 자석이 되어 있다(〈그림 2-5〉 참조).

〈그림 2-5〉 연달아 자석이 된다

방금 말한 것을 좀 어려운 말로써 표현하면, 「자석의 N극 가까이에 바늘을 두면, 자석의 N극에 가까운 끝에는 S극이, 그 반대쪽 끝에는 N극이 유도된다. 그 유도로 만들어진 S극의 자석은 N극에 부착되고, 유도로 만들어진 N극은 자석의 N극으로부터 반발된다」라고 하겠다. 이렇게 하여 바늘은 연달아 자석에 달라붙는 것이다.

연결되어 있는 못이나 종이 클립이나 바늘 등을 따로따로 분산시켜도 그 각각은 자석이 된 채로 있다. 그 증거로는 그것들이 각각 다른 바늘 등을 끌어당기게 되었기 때문이다.

이리하여 현재의 자석을 바탕으로 하여 새로운 자석을 간단히 만들 수가 있다. 그러면 자석을 만드는 방법에는 이것 말고는 다른 방법이 없을까?

여러분은 전자석(電磁石)이라는 것을 알고 있을 것이다. 쇠막대를 심으로 하고 그 위에 코일을 감은 것이다. 코일에 전류를 통하면 자석이 되고, 전류를 끊으면 자석의 성질을 잃게 된다. 전류가 통하고 있으면 자석(전자석)으로 작용하기 때문에, 앞에서 말한 영구자석과 마찬가지로 바늘이나 못을 자석으로 만들 수가 있다.

전자석은 영구자석에 비해 수십 배나 강력한 것으로 쉽게 만들 수가 있다. 전류를 많이 흘려보내면 된다. 그래서 같은 자성체라도 전자석으로써 자화하면 강한 자석이 된다. 또 전자석과 밀착시키지 않더라도 가까이에 가져가기만 하면 자화하여 자석이 된다.

그러므로 공장에서 자석을 만드는 데는 대체로 전자석을 사용한다. 전자석의 N-S극 사이에 자석으로 만들고 싶은 재료를 끼워 자화하고 있는 것이 보통이다.

어쨌든 상대를 자화하여 자석으로 만드는 본체는 자석이다. 어미자석이 있어서 아들자석, 손자자석이 만들어진다. 이와 같이 자석에는 다른 물체를 자화하게 하는 힘이 있다. 이것을 자석의 자극에서부터 눈에 보이지는 않으나 무엇이 나와 있고, 그것을 쪼이게 됨으로써 상대가 자화하는 것이라고 생각하면 어떨까? 이 눈에 보이지 않는 무엇인가를 "자기력선(磁氣力線)"이라 부른다.

자기력선을 관찰한다

자기력선을 눈에 보이게 할 수도 있다. 그러려면 미세한 쇳가루(줄로 쇠를 썬 부스러기 같은 가루)를 사용하는 것이 편리하다.

두꺼운 흰 종이나 도화지를 준비하여 수평이 되게 펼친 표면에 쇳가루를 되도록 균일하게 흩뿌려 둔다. 이것을 가만히 자석 위에 얹고 종이 가장자리를 톡톡 가볍게 두들겨 주면 자기력선이 나타난다. 자기력선은 한쪽 극에서부터 다른 쪽 극까지

〈사진 2-6〉 막대자석이 만드는 자기력선

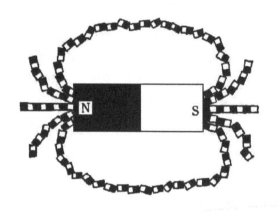

〈그림 2-7〉 자기력선을 작은 자석의 연속으로 생각한다

이어져 있다.

　이것은 도대체 무엇을 말하는 것일까? 이 경우 쇳가루 하나하나가 작디작은 바늘이라고 생각하면 어떻게 될까? 앞에서 했던 실험을 상기하기 바란다. 바늘은 차례차례로 자화되어 여러

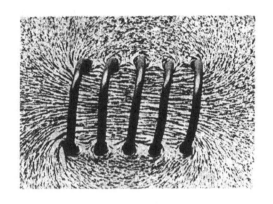

〈사진 2-8〉 전자석에 의한 자기력선

개가 자극에 연결되어 달라붙었었다. 그와 마찬가지로 쇳가루 하나하나가 자화하여 작은 자석으로 되어 줄줄이 이어져 끈처럼 된다. 종이를 톡톡 두들겨 주고 있으면, 끝은 자꾸만 길어져 양쪽 자극에서부터 나온 끈의 끝이 극 N와 S로 되어 있기 때문에, 그러는 동안에 연결되어 버린다.

자석에서는 N을 머리, S를 꼬리라고 생각하기 때문에 자기력선의 작은 자석은, 먼저 자석의 N극에다 꼬리를 붙이고 머리에는 다음 차례의 작은 자석의 꼬리가 달라붙는 식으로 연결되어 간다. 맨 마지막 머리는 물론 본체 자석의 S극에 달라붙는다.

이리하여 자기력선은 자석의 N극에서부터 시작하여 S극으로 끝난다는 것을 알 수 있다.

여기서 주의할 점은, 자기력선은 선이라는 이름이 붙어 있지만 진짜 모습은 선과 같은 것이 아니라는 점이다. 자기력선은 자석에서부터 사방으로 빈틈없이 복사되고 있다. 마치 전등이나 태양에서부터 빛이 주위로 복사되고 있는 것과 흡사하다.

우리가 이것을 광선이라 부르면서 그림으로 나타낼 때는 선을 그리고 있는 것과 같은 것이다.

다만 광선의 경우는 광원에서부터 나가기만 할 뿐이지만 자기력선의 경우는 다시 되돌아온다. 자기력선은 물과 같이 N극에서부터 솟아 나와 S극으로 빨려 들어간다고 생각해도 될 것이다.

물론 솟아나오는 자기력선의 양(선으로 나타내면 수)은 자석이 강할수록 많다. 강한 광원, 약한 광원에서부터 나가는 광선과 비교하여 생각해 보기 바란다.

전자석의 경우도 〈그림 2-8〉과 같이 영구자석의 것과 흡사한 자기력선의 무늬가 만들어진다. 전자석도 영구자석과 마찬가지로 N극과 S극이 있으므로 자기력선은 역시 N극에서부터 나가 S극으로 들어간다.

영구자석이건 전자석이건 간에 자석이라고 이름이 붙는 것이 있기만 하면, 그 주위에는 눈에 보이지 않지만 자기력선이 반드시 따라다니고 있다. 성격이 밝은 사람 주위에는 그 사람이 어디를 가더라도 환한 분위기가 따라다니는 것과 같은 느낌의 것이다. 그 사람이 지니고 있는 영향력이 주위의 사람들에게 힘을 미치고 있는 것과 같은 것이라고 말해도 될 것이다.

자기력선은 진공이나 공기 속은 물론, 나무나 유리 그밖에도 구리나 알루미늄 등 자성체가 아닌 금속을 관통하여 멀리 떨어진 곳에까지 도달한다. 얄팍한 베니어판이나 10원짜리 주화를 사이에 두고, 쇳조각을 자석으로 끌어 붙여 보면 이 사실을 잘 알 수 있다.

자기력선에 대해서는 뒤에서 나올 「전자유도」와 관련하여 5

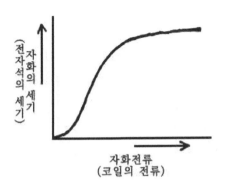

<그림 2-9> 자화곡선

장에서 다시 설명하기로 한다.

코일과 철심—자화곡선

지금까지는 전자석이 영구자석과 같은 작용을 하는 것을 보아 왔다. 이것은 철심에 코일을 감은 것을 하나의 물체(전자석)로서 보아 왔던 것이다. 이것을 분해하여 생각하면 코일과 철심이 된다.

코일 속은 철심이 들어가 있지 않아도 전류를 통하면 자석이 된다. 그것은 방위자침을 접근시켜 보면 알 수 있다. 또 쇳가루를 사용하여 자기력선의 무늬를 만들어 보아도 알 수 있다.

전자석의 철심은 이 코일에 의한 자력선이 통과하고 있는 곳(자계, 磁界)에 놓여있는 것이다. 이것은 앞에서도 말했듯이 이 철심이 자석이 되는, 또는 자화되는 것이다.

전자석의 코일 전류를 강하게 하면 전자석의 세기도 강해지리라는 것은 상식적으로도 추측할 수 있다. 전자석의 세기라고 하면 그것은 곧 코일의 심이 되어 있는 쇠가 자화하여 생긴 자석의 세기를 말한다.

그렇다면 전류를 자꾸 증대시켜 가면 철심의 자화상태도 얼마든지 강해지게 되는 것일까? 사실은 그렇게 되지 않는다. 코일에 통과시키는 전류와 철심이 자화하여 생긴 자석의 강도와의 관계는 〈그림 2-9〉와 같이 되어 있다.

자석의 세기는 코일의 전류(자화전류)가 약한 동안은 그다지 세지 않다. 그러나 자화전류가 어느 정도로 강하게 되면 자석의 세기가 갑자기 증대하기 시작하여, 마치 가파른 언덕을 단숨에 뛰어오르듯이 강해진다. 그러나 이 상태는 무한정 오래 계속되지 않는다. 전류가 증가하여 어느 크기가 되면 자석의 세기는 보합상태가 되고, 그 뒤는 아무리 전류를 크게 해도 자석의 세기는 변화하지 않게 된다. 이것을 "자석의 세기가 포화(胞和)되었다"라고 말한다.

〈그림 2-9〉에 보인 곡선은 코일의 자화전류에 의해 쇠가 포화할 때까지의 상태를 나타내고 있다. 그래서 이 곡선을 "자화곡선(磁化曲線)"이라 부른다.

자화곡선은 물질에 따라 형상이 다르다. 쇠처럼 자계 속에서 자화되는 물질로는 코발트와 니켈이 있다. 이들 물질의 종류에 따라 곡선의 기울기나 곡선이 수평으로 되는 높이(포화의 크기)가 달라진다.

이 곡선이 자석에 있어서 왜 중요한 의미를 갖는지에 대해서는 자석 학교의 2학년 과정에서 설명하기로 한다.

2. 자석 학교(2학년 과정)

자석 학교의 1학년 과정에서는 자석에 대한 간단한 실험을 몇 가지 해 보았다. 또 자기를 띠고 있지 않은 쇠를 자석으로 만드는 방법을 알아보았다. 자석을 만드는 것과 관련하여 자화 곡선이라는 곡선이 있다는 것도 알았을 것이다.

이것들은 모두 쇠나 자석을 바깥에서부터 관찰하여, 이렇게 했더니 이렇게 되었더라는 내용이었다.

이제부터 여러분은 자석 학교의 2학년 과정으로 진급했으니, 이번에는 좀 더 깊이 캐고 들어가서 바깥에서부터가 아니라 그 내부를 생각해 보기로 하자. 쇠나 자석의 알맹이, 어려운 말로 하면 본질이라든가 실체를 생각해 보자는 것이다.

자석의 분할과 자석의 모형

우선 여기에 길쭉한 막대자석 한 개가 있다고 하자. 이것을 세로로 둘로 쪼개면 어떻게 될까? 아마 같은 막대자석 두 개가 만들어지고, 자극의 세기도 절반으로 되어 있을 것이다. 즉 크기도 자극의 세기도 처음 것의 절반으로 된 막대자석 두 개가 만들어진다.

이 두 개의 자석을 각각 다시 절반으로 쪼개도 같은 일이 일어날 것이다. 이렇게 계속하여 세로로 자꾸 쪼개어 가면 자석은 차츰차츰 가늘어지고 자극도 점점 작아지고 약해진다. 그러나 자극의 위치는 최초의 것에서부터 변하지 않고 양쪽 끝에 그대로 남아 있다.

이상은 실험을 하지 않고 상식적으로 생각해 본 것이지만,

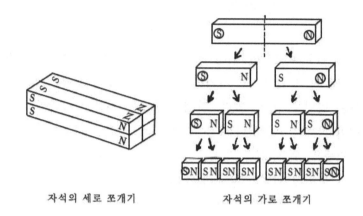

자석의 세로 쪼개기   자석의 가로 쪼개기

〈그림 2-10〉 자석의 세로 쪼개기와 가로 쪼개기

실험으로 확인을 해도 그대로가 된다.

그렇다면 자석을 세로로 쪼개지 않고, 가로로 쪼개어 깊이를 절반으로 한다면 어떻게 될까? 이번에는 상식만으로 판단하기는 좀 어려울 것이다.

길이를 절반으로 자른다는 것은, 극이 없던 곳에서 자석을 둘로 절단하는 것이다. 간단하게 생각하면 한쪽 끝에는 본래의 자극이 있고 그 반대쪽 끝에는 극이 없는 이상한 자석이 만들어지게 된다. 그런 자석도 있을까? 없다. 그 끝에는 자극이 생긴다. 절단하기 전의 N극의 반대쪽에는 S극이, 전달하기 전의 S극의 반대쪽에는 N극이 나타난다.

이리하여 자석은 길이로 절반으로 잘라도 N-S극을 갖춘 정상적인 자석이 된다.

절반으로 만든 자석을 다시 절반으로 해도 같은 일이 일어난다.

이상과 같은 막대자석의 세로 쪼개기, 가로 자르기의 생각을

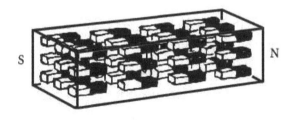

〈그림 2-11〉 영구자석은 미니자석으로 되어 있다

정리하면 실존하는 막대자석의 성립이 떠오르게 된다.

즉 영구자석 속에서는 작은 자석이 그 방향을 가지런히 하여 종횡으로 연결되어 배열돼 있는 것이라고 생각하면 어떨까? 작은 자석이라고는 하지만 자석의 분할을 진행시켜 가면 결국은 분자에 도달한다. 그러므로 영구자석은 N-S극의 방향을 가지런히 갖춘 분자자석의 집합이라 해도 될 것이다. 이런 사고방식을 영구자석의 분자자석설(分子磁石說)이라 부르고 있다.

간단하게 생각한 모형으로라면 분자자석설이라도 상관이 없겠지만 그래도 문제는 남아 있다. 이를테면 쇠의 경우, 원자가 몇 개 결합한 분자라는 형태는 생각하기 어렵다. 쇠라는 물질의 최소단위는 철원자(鐵原子)라고 하는 편이 적당하다. 따라서 분자자석설이라고 하기 보다는 원자자석 설이라고 해야 할 것이다.

그렇다면 실제로 쇠로 된 자석에서, 원자자석이 전체에 걸쳐 정렬해 있느냐고 하면, 이것도 정확하게 말한다면 좀 다른 것이다. 이것에 대해서는 뒤에 가서 좀 더 자세히 설명하기로 하고, 지금은 자석을 세분해 가서 도달한 최소의 자석을 "미니자석"이라 부르기로 한다. 그 속에는 수많은 원자자석이 정렬해 있다.

이 미니자석이라는 말을 써서 영구자석의 모형을 다시 한 번 반복해서 말하면 이렇게 된다.

수많은 미니자석이 방향을 가지런히 하여 일렬종대로 배열해 있다. 선두가 N극이라면 맨 꼴찌에는 S극이 있다. 중간에서는 S와 N이 단단하게 연결되어 전체적으로는 길쭉한 막대와 같다. 이 막대 같은 행렬이 옆으로도 상하로도 몇 줄로 배열되어 있는 것이 영구자석이다.

자화한다는 것은 무엇을 말하는가?

지금까지 자석의 모형에 대해 생각해 보았다. 보통의 쇠가 자화되어, 그 미니자석이 모형처럼 정렬하기 이전에는 그 수많은 미니자석은 어떻게 하고 있었을까? 전체가 하나의 자석으로 될 때 갑자기 나타나서 정렬하는 것일까?

자화되기 전에도 이 미니자석은 있었다. 다만 정렬해 있지는 않았다. 쇠와 같은 자성체 속에는 본래 미니자석이 무수히 흩어져 있다. 다만 그 N-S의 방향이 모두 불규칙하게 제멋대로의 방향을 향하고 있었다. 그래서 전체로서 보면 오합지졸로서, 정리된 형태로서의 N극이나 S극을 아무 데서도 찾아볼 수 없었던 것이다.

자석 학교의 1학년 과정 마지막에서는 자성체를 코일에 넣어서 자화할 때, 포화하기까지 자화되어 가는 경과가 자화곡선에 의해 나타내어진다는 것을 말했었다. 여기서는 좀 더 깊이 들어가서 미니자석이라는 사고방식으로 자화과정을 다시 살펴보기로 한다.

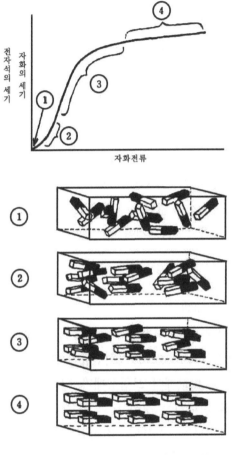

〈그림 2-12〉 자화와 미니자석의 배열

① 코일에 자화전류가 흐르지 않는 동안은 미니자석의 방향
은 무질서하다. 〈그림 2-12〉에 보인 자화곡선의 출발점
①이다.

② 코일에 자화전류를 통하면 미니자석은 위치는 바꾸지 않
지만, 그 방향을 코일의 축 방향으로 접근시키려 한다.

③ 방향을 바꾸어서 코일의 축 방향으로 정렬하는 미니자석
　의 수는, 자화전류가 강해짐에 따라 자꾸 증가해 간다.
　　전자석의 세기는 정렬한 미니자석의 수에 비례한다. 자
　화곡선에서는 ③의 부분이다.

④ 자화전류가 어느 크기에 도달하면, 전체 미니자석의 방향
　은 다 바뀌어 완전하게 축 방향으로 정렬한다. 자화곡선
　④의 부분이다.

이렇게 되면 그 이후는 아무리 자화전류를 세게 해도 자석은
그 이상 강해질 방법이 없다. 자석 학교 1학년 과정의 마지막
에서 설명한 포화라고 하는 것을 잘 알았을 것으로 생각한다.

자화를 반복하면…

잠깐 복습을 해 보자.

쇠막대를 코일에 넣어 자화전류를 제로에서부터 차츰 증가시
켜 가면 쇠가 자화되어 간다. 자화전류가 어느 정도로 커지면
자석의 세기는 일정 값에서 보합상태가 된다. 즉 포화한다. 여
태까지의 상태를 가리키는 것이 자화곡선이었다.

이 포화상태에서부터 이번에는 자화전류를 줄여 가면 어떻게
될까? 전류와 자화의 세기는 자화곡선이 가리키는 관계를 유지
하면서, 곡선은 위에서부터 아래로 내려와 전류가 제로가 되면
자화도 제로가 되어 버리는 것일까?

그렇게 안 되는 것이 보통의 경우이다. 자화전류를 줄여도
자화의 세기는 순순히 줄어들지 않는다. 조금씩 미련을 남기면
서 줄어든다. 그 상태는 〈그림 2-13〉 같이 된다.

이 그림에서 알 수 있듯이 자화의 세기 감소는 전류가 줄어

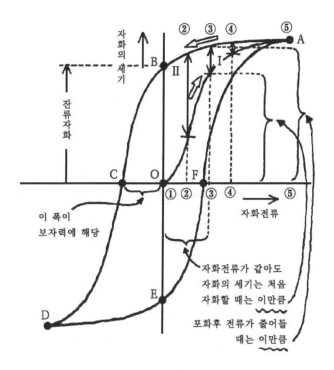

〈그림 2-13〉 자기이력곡선과 잔류자화

드는 것에 비해 늦게 진행된다. 그래서 전류가 제로로 줄어들
어도 자화 쪽은 제로까지 떨어지지 않고 어느 값에서 남게 된
다. 이 값을 가리켜 "잔류자화(殘留磁化)"라고 한다.

잔류자화를 지워버리고 쇠막대의 자기를 없애는 데는 지금까
지와는 반대 방향, 즉 마이너스의 자화전류를 흘려주지 않으면
안 된다. 이 전류가 어느 크기가 되어서야 비로소 쇠막대의 자
기가 없어진다. 이렇게 되기까지 쇠막대의 자기가 유지되어 왔
기 때문에 이 쇠막대는 $\overline{OC}$는 반대방향의 자화전류에 해당하
는 「보자력(保磁力)」을 갖고 있다고 한다. 다른 말로 하면 보자

력이란 그 자기를 없애 버리려고 하는 힘에 저항하는 힘이라고 하겠다.

마이너스 방향의 자화전류가 이 보자력에 해당하는 전류 값 $\overline{OC}$보다 더 커지면 쇠막대의 N-S극은 역전하게 된다.

자화를 나타내는 곡선은 하강을 계속하고 드디어는 마이너스 쪽에서 (처음과는 반대 방향으로) 포화하게 된다.

이번에는 마이너스의 자화전류를 줄이기 시작하여 전류가 제로로 된 점이 마이너스 쪽에서의 잔류자화를 나타내는 점 E이다. 이 마이너스 쪽의 포화 값도 각각 플러스인 때의 크기와 같다.

자화전류는 여기서부터 플러스가 되어 그것이 증가함에 따라 쇠막대의 마이너스 쪽 자화의 세기가 줄어든다. 자화의 세기는 자화전류 플러스 쪽에서의 보자력에 해당하는 점 F에서 제로가 되고, 그 후는 다시 출발 때와 같은 포화 값까지 되돌아간다.

자화전류와 자화의 세기를 나타내는 곡선은 이것으로 처음과 끝이 연결되어 루프를 그렸다. 그래서 이 곡선을 가리켜 "자기의 히스테리시스 루프(자기 이력곡선, 磁氣屬歷曲線)"이라고 부른다.

「이력」곡선이라고 부르는 까닭은 그 재료의 경력을 모르면(이력서가 없으면) 자기의 상태를 명확하게 나타낼 수 없기 때문이다. 자화전류의 크기를 지정해도 그것에 해당하는 자화의 세기에는 두 가지가 있다. 자화전류를 높여 갈 때와 내려갈 때로서, 그에 따라 자화의 세기는 다른 크기가 된다. 자화의 세기를 문제로 삼을 때, 그 재료가 처음으로 자화되느냐 또는 일단 어느 상태까지 자화되어 있었는지 그 경력을 알고 있을 필요가 있다.

이것이 이력곡선(覆歷曲線)이라 불리는 유래이다.

자기이력곡선과 미니자석

미니 자석의 모형을 써서 자기이력곡선을 생각해 보자.

전혀 자화되어 있지 않은 상태에서부터 출발하여 포화하기까지에 대해서는 이미 설명했다. 여기서는 포화하기까지 자화된 상태, 이력곡선의 오른쪽 상단에서부터 출발한다.

이 상태에서는 미니자석 전부가 정연하게 방향을 가지런히 하여 정렬해 있다. 그러나 이것은 자신들이 좋아서 정렬해 있는 것이 아니다. 자화전류에 의해—자계에 의해—강제적으로 정렬되어 있다. 이 강제력을 다소 약하게 해도, 만약 미니자석의 움직임을 방해할 만한 원인이 있으면 정렬로부터 오는 혼란은 적을 것이다.

그러므로 처음에 자화했을 때의 곡선 I에 비하면 같은 자화전류라도 곡선 II의 경우가 정렬상태가 좋을 것이다. 즉 자화의 세기가 크다. 곡선 II가 곡선 I보다 위로 되어 있는 것은 이 때문이다.

미니자석이 무질서한 상태에서부터 자계에 의해 강제적으로 정렬되어 전부가 다 정렬한 뒤, 강제력이 약해짐에 따라 다시 무질서한 상태로 되돌아가려는 상태는 모형적인 그림으로 그리면 알기 쉬울 것이다.

〈그림 2-14〉를 보자.

미니 자석은 ①과 같이 처음에는 무질서한 방향을 향하고 있다.

자화전류(자계에 의한 강제작용)가 커짐에 따라 정렬하는(그림에서는 상향의) 미니자석이 ②→③→④로 증가해 간다. 그 위 끝 ● 표를 연결시켜 가면 자화곡선이 만들어진다.

⑤에서 미니자석이 모조리 정렬했다.

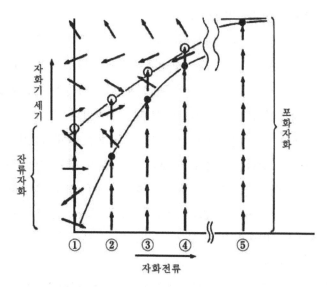

〈그림 2-14〉 자화전류와 미니자석의 배열방법

이번에는 자화전류를 줄인다. ④의 상태에서는 정렬에서 이탈하는 미니자석은 그림과 같이 한 개뿐이다. 정렬해 있는 미니자석은 앞의 ④때보다 한 개가 많다. 자화전류를 줄여 가면서 정렬한 미니자석의 위 끝 ○표를 연결시켜 가면 올라가는 것과는 다른 내림곡선이 얻어진다.

①의 상태에서 잔류자화가 나타나는 것도 잘 이해할 수 있을 것이다.

그 후는 자화전류의 방향을 반대로 하여 그것을 강하게 하는데 따라 자화의 세기는 잔류자화의 값에서부터 차츰 줄어든다. 자화전류가 보자력에 해당하는 값이 되면, 자화의 세기가 제로가 되는 것은 새삼 설명할 필요가 없을 것이다. 그림의 위로 향한 화살표가 사라지며 마침내는 없어져 버리는 것이다.

3. 자석 학교(3학년 과정)

회전하는 전자에 의한 자성

원자의 구조는 여러분도 잘 알고 있을 것이다.

어떤 원자라도 원자핵을 중심으로 하여 그 주위를 몇 개의 전자가 돌고 있다. 마치 태양 주위를 지구가 자전하며 공전을 하고 있듯이, 전자도 자전(전자의 스핀이라고 한다)하면서 원자핵 주위의 전자궤도를 공전하고 있다.

실제는 이렇게 간단한 것이 아니지만 알기 쉽게 하기 위해 모형으로서 이와 같이 생각해 두기로 하자. 그래도 큰 잘못 없이 줄거리의 이미지는 파악할 수 있기 때문이다.

원자핵 주위를 도는 전자의 수는, 수소원자에서는 한 개, 헬륨원자에서는 두 개, 이렇게 한 개씩 증가하여 100개 이상의 전자를 갖는 원자도 있다.

전자가 공전, 즉 원(또는 타원)운동을 하고 있다는 것은 마이너스의 전하가 주회운동(周回運動)을 하고 있다는 것이다. 이것은 전자의 회전방향과는 반대방향으로 전류가 흐르고 있는 것과 같다.

이것은 관점을 달리하면 1회감이의 코일에 전류가 흐르고 있는 것에 해당한다. 그렇다면 〈그림 2-15〉 아래와 같이 N-S를 가진 짧은 막대자석의 작용을 할 것이다. 그것은 각 원자는 이와 같은 의미에서의 작은 자석을 그 전자수와 같은 만큼 갖고 있다는 것을 말한다.

전자는 공전 이외에 자전도 하고 있기 때문에 자전에 의해서도 영구자석과 같은 작용을 한다. 이것은 공전의 경우와 비교

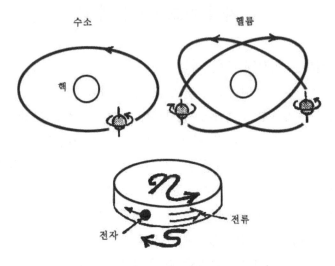

〈그림 2-15〉 전자의 회전과 전자자석

하면 알기 어렵지만, 지금 단계에서는 이유는 젖혀 두고 일단 그렇게 생각해 두기로 하자.

이리하여 전자는 공전, 자전이라는 두 종류의 회전운동에 의해 작은 영구자석의 작용을 하고 있다. 이 자석을 가리켜 전자자석(電子磁石)이라고 부른다면, 여러 가지 물질의 자성의 근원은 이들의 전자자석에 있다고 하겠다.

한 마디로 자성이라고 하지만 여러 가지 종류가 있다. 자성이 있다는 것은 자계 속에 두어 주면 어떤 반응을 나타내 보인다는 것이다. 그런 의미에서는 모든 물질에 자성이 있다. 다만 자석에 흡착되는 것을 잘 알 수 있는 물질과 아주 정밀한 실험을 해야 비로소 알 수 있을 만한 물질이 있다. 이것을 강자성물질, 약자성물질이라 부르기로 한다.

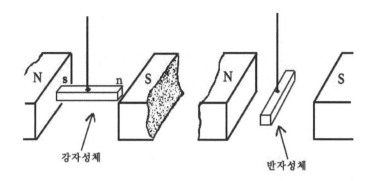

〈그림 2-16〉 막대 모양의 시료를 자계 속에 매달면 강자성체는 자계에 평행으로, 반자성체는 자계에 수직인 방향을 향해 정지한다

약자성과 강자성

약자성(弱磁性)이 강자성에 비해 얼마만큼 약한 자성인가를 참고삼아 좀 더 설명해 두겠다.

자석(전자석이나 보통의 코일이라도 좋다)에 쇠가 붙게 되는 것은, 그 쇠가 자화되어 자석이 되고, 이들 두 개의 자석이 마주보는 이극끼리 끌어당긴다는 것이었다. 약자성이란 이와 같은 때의 자화되는 방법이 매우 약한 것이다.

그 약한 정도가 쇠와 같은 강자성 물질에 비하면 수만 분의 1이라든가 수천만 분의 1 밖에 안 된다. 웬만큼 정밀한 측정을 하지 않으면 모른다.

이와 같은 성질을 상자성(常磁性), 이것을 갖는 물질을 상자성체라고 한다. 그 무리는 많으나 다음과 같은 것들이 그 보기이다.

산소, 소듐(나트륨), 알루미늄, 크로뮴, 백금 외에 희토류 원소나 코발트, 니켈 화합물 등.

약자성체에는 상자성체 외에 반(反)자성체라고 하는 그룹도 포함되어 있다. 이것은 자석에 접근시키면 이끌리지 않고 반대로 도망치는 물질이다.

자석의 N극을 접근시키면, 쇠라면 S극이 생겨 자석에 끌어당겨지지만 구리의 경우는 N극이 생겨서 달아나려 한다. 물론 이 작용은 매우 약하며, 약자성의 다시 10분의 1에서부터 1만분의 1 정도에 불과하다.

구리 말고도 반자성체의 보기를 들면,

헬륨, 네온, 수소, 금, 은, 아연, 수은, 비스무트 등이 있다.

강자성체는 어디서 오는가?

원자 속의 전자는 두 개의 얼굴—공전에 의한 전자자석과 자전에 의한 전자자석—이 있다는 것을 앞에서 말했다. 물질의 강한 자성에는 이 두 개의 얼굴이 얼마나 나타나 있을까?

여러분도 잘 알고 있는 아인슈타인 박사 그룹은 강자성의 근원은 전자의 자전(스핀)이라는 것을 실험으로 증명했다.

그러나 어느 원자에도 자전하고 있는 전자는 반드시 있는 것이므로, 강자성이 쇠나 코발트 혹은 니켈에 한해서만 볼 수 있는 것은 어째서일까? 또 이들 원자는 각각이 20수 개의 전자를 가졌는데, 그것들의 스핀 전부가 강자성에 관계하고 있는 것일까?

어느 쪽도 다 지당한 의문이지만 간단하게 설명할 수는 없다. 여기서는 이론이나 실험의 결과만을 알기 쉽게 자세히 설명하겠다.

이 의문에 대해서는 먼저 강자성 원소의 원자구조를 알아야만 한다.

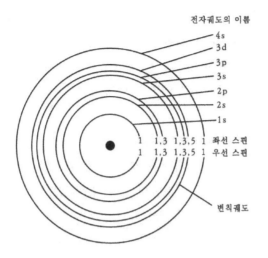

전자궤도의 이름
- 4s
- 3d
- 3p
- 3s
- 2p
- 2s
- 1s

1 1,3 1,3,5 1 좌선 스핀
1 1,3 1,3,5 1 우선 스핀

변칙궤도

〈그림 2-17〉 철원자의 전자궤도와 전자배치

보통의 원자에서는 전자의 수가 증가함에 따라 전자는 원자 핵에 가까운 내부에서부터 바깥을 향해 궤도로 들어간다. 그것도 우선(右旋)스핀과 좌선스핀이 쌍이 되면서.

그런데 쇠에 대해서 말하자면, 맨 바깥의 전자궤도에서는 거기가 만원이 되기 전에 다음 전자는 그보다 바깥 궤도로 들어가 버린다. 이 궤도는 좌우향 5개씩의 스핀으로 합계 10개의 전자가 들어가는 곳이다. 그런데도 쇠에서는 좌향 5개, 우향 1개, 합계 6개의 전자 밖에 들어가 있지 않다. 이 변칙적인 궤도에서는 5-1=4개의 전자스핀은 짝을 지을 상대가 없다. 더구나 이 4개의 전자는 회전방향이 같기(스핀이 평행) 때문에 자석이 방향을 가지런히 하여 4개가 배열해 있는 것과 같다. 이 몫만큼 전자자석으로서의 작용이 바깥으로 나타나게 된다.

코발트나 니켈의 원자에서도 이와 비슷한 상태로 되어 있다.

이와 같은 원소의 원자가 상하, 좌우, 전후로 결합한 결정상 태로 되어 있고 또 일정한 온도(뒤에서 설명할 퀴리온도) 이하에 있을 경우에 한해서 강자성이 나타나는 것이다. 그러므로 강자 성이란 매우 특별한 경우에만 나타나는 성질이라 할 것이다.

자발자기—선천적으로 갖춰지는 힘

쇠와 같은 금속이 강자성을 보이는 것은 그 원자 속에 몇 개 의 특정 전자가 있어 그것들의 스핀이 평행으로 되어 있기 때 문이었다. 이 전자스핀은 작디작은 자석이라고 볼 수 있다. 이 런 것이 평행이 되는 것은 보통, 외부로부터 자화 작용을 작용 시킨 경우이다. 그런데 강자성 금속의 경우에는 아무 자화작용 도 가해져 있지 않은데도 이웃에 있는 원자 사이에 평행한 전 자스핀이 생기고 있다.

스핀을 평행으로 배열하는 원동력은 매우 큰 것으로 고전적 인 물리학으로는 설명할 수가 없다. 이 힘은 양자론(量子論)의 생각을 도입하면 해석할 수 있는데 너무 어렵기 때문에 생략하 겠다.

그 이유는 어찌되었든 간에 철 원자의 집단 속에서는 원자구 조가 보통의 원자와는 다르기 때문에 전자스핀이 자연발생적으 로 평행으로 되어 있다.

쇠가 제철소에서 만들어질 때 처음에는 질퍽질퍽하게 녹은 액체이다. 물론 자석에 끌리는 따위의 일은 없다. 그것이 점점 식어서 고체인 쇠가 되고, 다시 어느 온도까지 식게 되면 비로 소 자석에 끌리게 된다. 이 온도를 가리켜 퀴리온도라고 하며 쇠에서는 섭씨 770도 정도이다.

쇠뿐만 아니라 강자성인 금속에서는 퀴리온도보다 낮은 온도이기만 하면, 그 원자의 전자스핀이 방향을 가지런히 하여 정렬하고 있다. 스핀의 방향으로 작은 자석이 형성되어 있다고 해도 될 것이다. 이와 같이 강자성체에서는 외부에서부터 아무 작용이 없어도 자연히 자화되어 있어 자석으로 된 것이다. 이렇게 자연적으로 지니고 있는 자기를 가리켜 자발자기(自發磁氣)라고 한다.

그러나 좀 이상하다고 생각하지 않는가? 이를테면 쇠막대가 있고, 그 전체 철 원자에 대해 전자스핀이 방향을 가지런히 하여 정렬해 있다고 한다면, 이 쇠막대는 자석으로 되어 있는 것이다. 자발자기란 그런 것을 말하는 것이다.

자발자기와 온도

이 의문에는 뒤에 나올 항목에서 대답하기로 하고, 그 전에 자발자기와 온도와의 관계를 설명하겠다. 이것은 중요한 관계로서, 앞에서 강자성이 나타나는 것은 퀴리온도 이하라는 등의 온도에 구애되는 말을 하고 있는 것도 그 때문이다.

자발자기의 세기는 절대영도(-273℃)에서 최대가 된다. 그것은 모든 전자스핀이 완벽하게 방향을 가지런히 하여 정렬한다는 것을 말한다. 아무것에도 방해받지 않고 얌전하게 스핀이 정렬해 있는 것이다.

그런데 온도가 올라가면 이렇게 있지 못한다. 인간도 추울 때보다 따뜻할 때가 활발하다. 생명이 없는 물질의 분자운동에서도 마찬가지다. 산소나 수소 등의 기체 분자는 공간을 자유로이 뛰어다니고 있다. 온도가 높을수록 세차게 돌아다니게 되

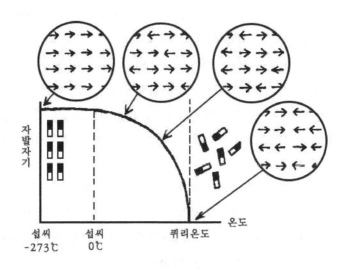

〈그림 2-18〉 자발자기와 온도의 관계

고, 이때 우리는 그것을 기체가 팽창한 것으로 받아들인다.

쇠와 같은 고체에서는 그 원자(금속의 경우는 분자와 원자가 구별이 안 된다)가 기체분자처럼은 돌아다닐 수가 없다. 그러나 일정한 위치를 중심으로 진동하고 있다. 이 진동이 고온이 되면 거세어진다.

전자의 스핀에서도 마찬가지이다. 저온에서는 얌전하게 있던 전자의 스핀이 온도가 올라가면 행렬이 흐트러진다. 이를테면 0℃에서는 한 개의 미니자석 속에서 스핀이 모조리 우향이었던 것이 온도가 올라감에 따라 좌향의 스핀이 증가한다. 그만큼 전체로서의 자발자기가 약해지는 셈이다. 스핀의 방향이 좌우 같은 수가 되는 온도가 퀴리온도이며, 여기서 자발자기는 없어져 버린다.

이 자발자기와 온도와의 관계를 곡선으로 나타내면 〈그림 2-18〉과 같이 된다. 퀴리온도나 절대온도가 0도인 때의 자기의 세기는 물질에 따라 물론 다르다.

이를테면 퀴리온도는 섭씨에서 쇠 769도, 코발트 1127도, 니켈 358도이다.

퀴리온도 이상에서는 전자스핀의 방향이 무질서하게 되는데, 그와 같은 상태에서 보이는 자성이 앞에서 말한 상자성이다. 그러므로 강자성체에 대해 말하면, 온도가 높아져서 강자성에서부터 상자성으로 옮겨가는 경계가 퀴리온도에 해당한다고 보면 된다.

4. 자석 학교(4학년 과정)

금속을 현미경으로 관찰하면

쇠의 표면을 깨끗이 닦고, 다시 묽은 산으로 표층을 가볍게 녹인다. 이 면을 배율 100배 정도의 현미경으로 관찰하면 〈사진 2-19〉와 같이 보인다. 마치 가뭄이 계속되어 땅이 갈라진 논바닥을 보는 것과 같다. 불규칙한 곡선으로 둘러싸인 하나하나의 구획이 각각 쇠의 결정입자이다.

이 결정입자를 가리켜 단결정(單結晶)이라고 부르고 단결정끼리의 경계는 결정입계(結晶界)라고 한다. 일상생활에서 우리 눈에 띄는 일반적인 쇠막대나 쇠판 등은 이 단결정이 집합한 다결정체(多結晶體)라고 불리는 것이다.

금속뿐만 아니라 거의 모든 고체는 다결정체인데, 그 근본이

〈사진 2-19〉 철(전자강판) 표면의 결정입자

되고 있는 것이 단결정이다. 그래서 금속 등의 성질을 자세히 조사하려면 단결정을 연구해야 한다.

방금, 거의 모든 고체라고 말한 것은 고체이면서도 결정이 아닌 것이 있기 때문이다. 이러한 고체를 비정질(非晶質)이라고 한다. 가장 흔한 예는 유리이다. 유리 이외에도 요즘은 하이테크 재료의 일종으로서 비정질의 것이 알려져 있다. 이들은 특히 어모퍼스(Amorphous) 재료라고 불리며 자기재료에서도 주목을 끌게 되었다. 여기서는 그런 재료의 그룹이 있다는 것을 소개하는 것으로 그친다.

그럼 핵심의 단결정으로 이야기를 돌리자. 이것이 어떤 것인가를 생각하려면, 학교나 공원 한 구석에 있는 정글짐을 생각해 보자. 거기에는 쇠막대가 세로-가로-높이 세 방향으로 교차

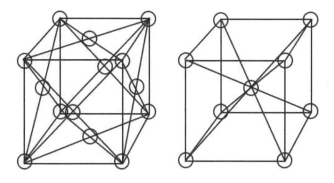

〈그림 2-20〉 면심정육면체(좌)와 체심정육면체(우)

하여 튼튼한 틀이 짜여 있다. 이 쇠막대의 교차점에 쇠 등의 고체원자가 산적꽂이처럼 꿰어져 있는 구조, 그것이 말하자면 단결정의 기본구조 샘플이다.

이것은 입체적인 격자형상으로 되어 있으므로 일반적으로는 결정격자(結晶格子)라고 불린다. 정글짐의 일부를 불규칙한 형상으로 잘라낸 것을 몇 개 나 만들어, 그것들을 무질서한 방향으로 끌어 모아 만들어진 것이 다결정체이다.

다결정체 속에서는 서로 인접한 단결정끼리 정글짐의 틀이 짜인 방향이 제각기 다르게 되어 있다. 그 때문에 다결정체의 표면은 깨끗이 연마해도 빛을 쬐이면 반사하는 방법이 다르기 때문에 〈사진 2-19〉에서 잘 알 수 있듯이, 같은 쇠의 결정입자이면서도 서로가 달라 보이는 것이다.

정글짐을 보면 금방 아는 일이지만, 전체 틀은 가장 작은 정육면체의 틀을 전후, 좌우, 상하로 반복 배치하여 짜여있다. 이와 같은 최소단위를 단위포(單位胞)라 한다.

단위포의 구조는 금속에 따라 다르다. 정육면체의 중심에 원

66

자가 들어 있는 것(체심정육면체), 정육면체 여섯 면의 중심에 원자가 들어가 있는 것(면심정육면체), 육각기둥 모양 등 여러 가지가 있다. 또 같은 금속이라도 온도에 따라 그 형상을 바꾸는 것도 있다.

쇠는 상온에서는 체심정육면체인데 906℃ 이상에서는 면심정육면체가 된다.

쇠 등의 자기적인 성질을 이해하기 위해서는 이와 같은 결정구조를 알고 있어야 한다.

자화가 쉬운 방향

쇠의 단결정을 큰 덩어리로 만들어 그것에서부터 막대모양으로 세 종류의 시료를 잘라낸다.

시료막대의 축이 단위포인 정육면체의 모서리 a와 일치하게 한 것(a), 정육면체 면의 대각선 b와 일치시킨 것(b), 정육면체 자체의 대각선 c와 일치시킨 것 (c)의 세 종류이다(〈그림 2-21〉 참조).

이들 시료를 코일에 넣어 자화시켜 본다. 알기 쉽게 말하면 전자석으로 만들어 보자는 것이다. 코일에 흘리는 전류가 같다면 세 종류가 모두 마찬가지로 자화될(같은 세기의 전자석이 된다) 수 있을까? 천만의 말씀이다. 시료 (a)가 가장 자화되기 쉽고, (b)가 그 다음, (c)가 가장 자화되기 어렵다.

이것은 〈그림 2-22〉의 곡선을 보면 잘 알 수 있다. 자화전류가 조금 흘렀을 뿐인데도 (a)는 강하게 자화되어 있다. 즉 곡선이 가파르게 서 있다. 그것에 대해 (b)나 (c)는 자화전류가 어느 크기가 되지 않으면 충분히 자화되지 않는다.

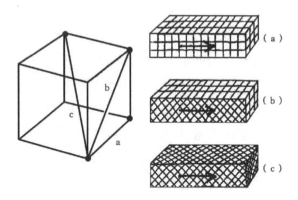

〈그림 2-21〉 단결정의 절단방향

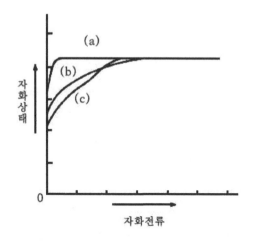

〈그림 2-22〉 결정을 잘라내는 방향과 자화곡선

이와 같은 것에서부터 철단정(鐵單晶)에서는 (a)방향을 가리켜 자화용이 방향(磁化容易方向), (c)방향을 가리켜 자화곤란 방향이 라고 부른다.

쇠와 같은 강자성 금속은 자발자기를 가졌다는 것을 앞에서 설명했다. 외부에서부터 자계를 가해 자화시켜 주지 않더라도 처음부터 자연적으로 자화되어 있다. 자연적으로 자화되어 있다고 한다면 당연히 자화하기 쉬운 방향으로 자화되어 있을 것이다. 쇠라면 결정격자의 자화용이 방향(a)(플러스-마이너스를 합하면 여섯 방향) 중의 어느 쪽으로 향해 자화되어 있게 된다.

이와 같이 결정의 방향에 따라 자기적 성질이 다른 것을 자기 이방성(磁氣異方性)이라고 부른다. 뒤에서 설명하겠지만 이 기묘한 성질은 강한 자석을 만드는 것과 큰 관계가 있다.

자구

앞에서 쇠의 표면을 금속용 현미경으로써 관찰했다. 이번에는 이것을 한 걸음 더 나아가서 조사하기로 하자.

먼저 이 시료의 표면을 특별한 방법으로 더욱 정성 들여 연마한다. 그런 뒤에 미세한 쇳가루를 비눗물에 넣어 잘 휘저은 것을 한 방울 떨어뜨린다. 이것을 현미경으로 조사하면 〈그림 2-23〉과 같은 무늬가 관찰된다. 하나의 결정 속이 다시 몇 개의 구역으로 갈라져 있을 것이다.

이것은 비눗물 속에 떠돌고 있는 쇳가루가 자구(磁區)라고 하는 작은 구역끼리의 경계로 이끌려 생긴 무늬이다.

하나의 자구 속에서는 앞에서 설명한 전자스핀이 평행으로 배열해 있어 그 자구가 하나의 작은 자석으로 되어 있다. 이웃 자구에서도 스핀은 평행으로 배열하여 작은 자석으로 되어 있지만, 그 방향은 다르게 되어 있다. 이 작은 자석이라는 것이 자석 학교의 2학년 과정 때 설명한 미니자석에 해당하는 것이다.

자구의 크기는 재료에 따라 또 그 순도나 그것이 만들어진

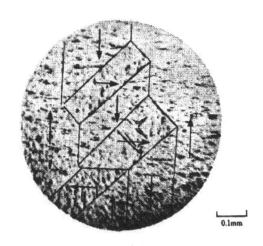

〈사진 2-23〉 철 표면의 자구도형(지카즈미 씨 제공)

방법 등에 따라 구구하지만, 100배 정도의 현미경으로써 볼 수 있다. 그 속에 전자스핀에 의한 원자 자석이 수천만, 수천억 개 정렬해 있다.

자구나 그 속에서의 원자자석의 상태를 알기 쉽게 그림으로 보이면 〈그림 2-24〉와 같다.

앞에서 자발자기를 설명했을 때, 쇠 등의 강자성체에 자발자기가 있다면 「그 근처에 있는 보통의 쇠막대도 자연적으로 자석이 되어 있을 것이 아니냐?」는 의문을 남겨 두고 왔다.

간단히 말한다면, 앞 항목에서 설명한 것은 낱낱의 자구 속의 현상이라고 생각하면 된다. 하나의 자구는 한 개의 미니자석이다.

강자성체는 그와 같은 자구, 즉 미니자석이 집합한 것인데, 각 미니자석의 N-S극 방향은 제멋대로이다. 따라서 강자성체 전체로서는 자석의 작용을 하지 못한다. 외부에서부터 자화를

〈그림 2-24〉 자구 속의 원자자석

하는 힘(자계)이 가해져야 비로소 각 자구(미니자석)의 방향이 자계의 방향으로 바뀌는 것이다. 그리고 강자성체는 전체로서 나타내는 자기가 세어지고 자석으로도 되는 것이다.

자구는 왜 생기는가?

학생 현미경을 통해 실제로 관찰한 것이니까 자구라는 것이 있다는 건 확실하다고 생각합니다. 하지만 강자성체는 왜 많은 자구로 갈라지거나 하는 것입니까?

선생 참 좋은 질문이군. 그건 이런 것이야. 방향을 가리키는 자침 두 개를 접근시켜 평행으로 배열한 것을 생각해 보자꾸나. 두 가지로 배열하는 방법이 있겠지(〈그림 2-25〉 참조). 그 중의 어느 쪽이 안정되어 있다고 생각되니?

학생 그건 A쪽이 안정되어 있을 거예요. B쪽이라면 같은 극끼리는 반발하기 때문에, 만약 자침이 롤러스케이트를

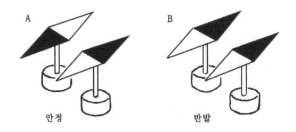

A B

안정 반발

〈그림 2-25〉 자침의 안정된 배열방법은?

신고 있다면, 서로 달아나서 떨어지겠지요.

선생 그래 맞았어. A쪽은 서로 가까이 만나 일체가 되어 안
정되는 거야.

학생 그 일과 자구와는 어떤 관계가 있습니까?

선생 그럼 크게 관계가 있지. 지금 두 개의 자침으로 자성체
의 모형실험을 한 것과 같은 거란다.

　자성체의 양단에 자극이 혼자서 드러나 있다면 매우
불안정하다. 아까 말한 B의 경우처럼 서로가 제멋대로
흩어지려 하거든.

학생 아, 그런 것이군요. 이젠 알았습니다. 자성체 속의 자극
이 독립해 있어야 되겠군요. A처럼 끌어당길 상대가 있
는 쪽이 안정된다는 것이지요.

선생 그래. 그럼 〈그림 2-26〉의 B를 주의해 보게. 한끝에서
N와 S가 서로 당기고 있는데, 안쪽과 바깥쪽에서의 당
기는 거리가 다르잖니. 크게 우회하여 바깥쪽끼리 당긴
다는 건 매우 힘든 일이야.

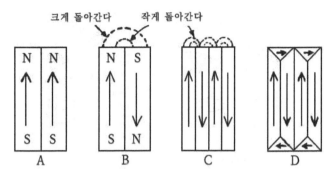

〈그림 2-26〉 자석은 자구로 나누어진다

　　C처럼 더 잘게 갈라지면 그 점은 편하게 되는 거지.

학생 그렇다면 자꾸 미세하게 갈라져 나가면 됩니까?

선생 그렇게는 안 돼. 일에는 한도가 있는 거란다. 이 작게
　　　　갈라진 구역을 자구, 그 경계면을 자벽(磁壁)이라고 하
　　　　지. 그 자벽에는 두께가 있어 그런 것들과의 균형에서
　　　　어느 정도의 자구로 갈라지느냐가 결정되는 것이다.

학생 이제 말씀하신 균형으로 결정된다는 건 어떤 의미입니까?

선생 그건 꽤나 어려운 문제이기 때문에 간단히 설명할 수
　　　　없군. 여기서는 그저 그런 거라고만 생각해 두렴. 자구
　　　　에 대해서 바로 뒤에 곧 설명하겠지만, 그보다도 D를
　　　　보게나. 양단에 프리즘 모양의 자구가 형성돼 있잖니.

학생 그건 왠지 알 수 있을 것 같아요. 이것이라면 공중을
　　　　통해서 N와 S가 서로 끌어당기지 않아도 되기 때문이
　　　　겠지요.

선생 응, 잘 알았군. 그 정도만 알면 충분해.

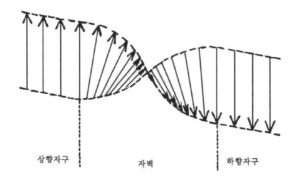

상향자구   자벽   하향자구

〈그림 2-27〉 자벽의 두께 속에서 전자스핀의 방향이 연속적으로 바뀐다

자구와 자화의 관계

선생 좋은 기회니까 이것과 관련 있는 얘기를 해 두지. 그건 외부에서부터 가해지는 자계에 의해 자구가 어떻게 바뀌느냐는 문제야.

학생 자계방향으로 자구의 방향이 바뀐다는 그것 말입니까?

선생 그래. 바깥에서부터 자계가 가해진다고 해서 한 자구의 자화방향이 자계방향으로 단번에 바뀌는 건 아니거든.

학생 한 개의 자구가 분열하는 겁니까?

선생 아니야. 그걸 설명하지. 앞에서 자벽에는 두께가 있다고 말했었지. 기억하니?

학생 예.

선생 자벽에 두께가 없다면, 마치 국경선을 사이에 두고 총을 위로 돌린 감시병과 아래로 돌린 감시병이 마주 보고 있는 것과 같은 거야.

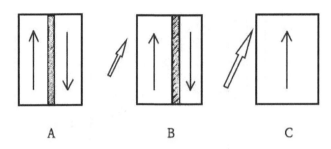

〈그림 2-28〉 외부자계에서 자벽이 움직이게 되고, 자계방향에 가까운 방향
의 자구면적이 넓어진다

경계에 두께가 있는 것을 문에 치는 발을 예로 들어
설명하지. 발은 드리우지 않고 좌우로 잡아당겨 〈그림
2-27〉과 같이 180도를 비트는 거야. 좌우 양단에서 상
하가 역전되었잖아.

비틀려진 부분이 자벽에 해당하고, 좌우의 끝에서 위
또는 아래를 향해 있는 부분이 상향 또는 하향자구에
해당하는 거야.

학생 앞에서 들었던 전자스핀이라는 말을 쓰면, 전자스핀의
방향이 자벽 속에서 조금씩 연속적으로 바뀌어 간다는
것이겠군요.

선생 그렇지. 그런 곳에 외부로부터 자계가 가해졌다고 하자.
그러면 그것에 가까운 방향으로 자화해 있는 자구가 우
세하게 되어 이웃 자구를 침식하는 거야. 국경에 해당
하는 자벽이 우세한 쪽에서부터 열세인 쪽으로 밀려 나
가는 거란다.

학생 영토를 확장해 가는 거와 같군요.

선생 맞았어. 외부 자계가 더 강해지면 반대 방향의 자구가 지워져 하나의 자구로 되어버리는 것이다. 그 상태는 〈그림 2-28〉을 보렴.

이렇게 하여 전자스핀의 방향이 외부 자계방향으로 가지런해진 상태가 포화인 거야.

학생 이젠 자화가 진행하는 상태도 잘 알았습니다.

같은 극끼리는 반발한다

3장
좋은 자석이란?

1. 납작한 자석

자유자극이란?

요즈음 우리 눈에 띄는 자석은 대부분이 납작한 모양을 하고 있다. 말굽형이나 길쭉한 막대자석 같은 것은 본 적이 없는 사람도 있을 것이다. 냉장고 도어 주위의 자석은 길쭉한 것이 확실하지만 이것은 의미가 다르다. 여기서 말하는 길이라는 것은 N, S극 사이의 거리를 말한다. 냉장고의 자석은 오히려 길이가 짧은 자석의 대표적인 것이라 할만하다.

이와 같이 요즘에 와서 자석이라고 하면 납작한 것이 되어 버린 것은 자석의 재료가 진보했기 때문이다. 경박단소(輕薄短小)한 자석은 옛날에는 만들고 싶어도 만들 수가 없었다. 그 이유는 무엇일까?

자석 학교 2학년 과정의 첫머리에서 자석을 모형적으로 나타낸 〈그림 2-11〉을 보았다. 미니자석이 가지런히 정렬해 있었다. 그중에 세로로 정렬해 있는 한 줄을 살펴보자. 다른 극끼리 서로 끌어당기면서 깨끗이 연결된 채로 있을 것이다.

그러나 세로로 배열된 두 줄을 끄집어내어 살펴보면 이번에는 사정이 조금 다르게 되어 있다. 줄의 선두와 후미에 있는 미니자석의 끝에 해당하는 극은 서로 끌어당길 상대가 없다(이런 극은 자유자극 또는 유리자극이라 부르면 될 것이다). 더구나 이웃에 있는 것은 같은 종류의 극이기 때문에 그사이에는 반발력이 작용한다. 그렇게 되면 세로줄의 양단에서는 미니자석이 「\ /」 또는 「/ \」 모양으로 벌어진다.

세로줄이 짧아지면 이번에는 양단의 좌우로 벌어진 자극끼리

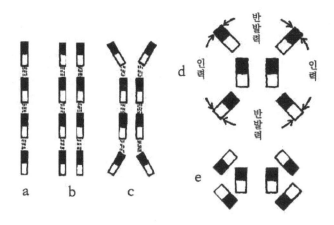

〈그림 3-1〉 미니자석의 줄 끝에서는?

서로 끌어당기게 될 것이다. 그 경향이 진행되면 미니자석의
N-S극은 모두 서로 끌게 되어 아무 데도 자유자극(自由磁極) 비
슷한 데가 없어져 버린다.

　자석이란 것은 자유자극이 있으므로 해서 비로소 성립되는
것이다. 〈그림 3-1〉의 e와 같이 되어 버리면 이미 자석이 아
닌 것이다. 이와 같은 일이 일어나는 것은 자유자극이 많은, 즉
자석단면(磁石端面)의 면적이 크고, 그것에 비해 자극 간 거리가
짧은 때에 두드러진다. 알기 쉽게 말하면 길쭉한 자석보다 굵
고 짧은 것이 자석으로서의 성질을 보전하기 어려운 것이다.

보자력이란?

　자석의 길이를 짧게 하더라도 계속하여 자석의 성질을 유지
하기 위해서는, 미니자석이 이웃끼리의 반발에 대해 잘 견뎌내
고 그 방향을 바꾸지 않아야 한다.

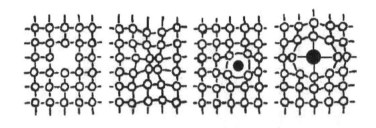

● 종류가 다른 원자

〈그림 3-2〉 원자배열의 교란

외부에서부터 자화하는 힘을 강하게 작용시켜 미니자석의 정
렬상태를 강제적으로 만든(영구자석으로 한) 뒤는, 그 배열을 교
란시키려는 힘이 작용해도 자석 쪽에 그것에 못지않은 억지력
이 있으면 된다. 억지력이라는 것은 핵전쟁에 대해서 뿐 아니
라 이런 곳에서도 필요하다. 이와 같은 교란하려는 작용에 대
한 억지력 또는 반란에 이겨내는 힘을 자석의 경우에는 보자력
(保磁力)이라 한다. 이것을 보지력(保持力)이라고 말하는 사람이
있으나 그것은 잘못이다.

자기이력곡선에 대해 설명했을 때 말한 보자력이란 이것을
말한다. 이것으로 그 의미를 알았으리라고 생각하지만, 도대체
무엇이 억지력으로 되는 것일까?

알기 쉬운 예로 쇠의 결정과 같은 경우라면, 원자배열의 흐
트러짐 등이 억지력이 된다. 원자가 격자모양으로 배열해 있는
일부에 구멍이 있거나 불순물 원자가 들어가 있거나 하면 원자
의 배열이 교란된다. 또 어떤 이유로 결정의 어딘가에 변형이
생겨 있으면 그것도 교란을 일으킨다(〈그림 3-2〉 참조).

이와 같은 결정 속의 교란은 전자스핀이 방향을 바꾸어 자벽

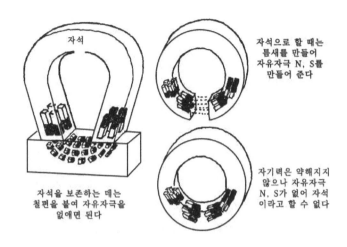

자석으로 할 때는
틈새를 만들어
자유자극 N, S를
만들어 준다

자석을 보존하는 데는
철편을 붙여 자유자극을
없애면 된다

자기력은 약해지지
않으나 자유자극
N, S가 없어 자석
이라고 할 수 없다

〈그림 3-3〉 자석과 자유자극

이 이동하는 것을 방해하는 원인이 된다. 바꿔 말하면 보자력
을 크게 하는 것이 된다.

보자력이 큰 자석이면 그 자석은 난폭하게 사용해도 약해지
지 않으며 납작하게도 할 수 있다. 이런 이치는 예로부터 알고
는 있었지만, 그것에 적합한 자석재료를 만들지 못했었다.

보자력이 작은 자석으로 자기력을 오래 지니게 하는 데는,
자유자극끼리를 멀리 떼어 놓고(길쭉한 형상으로 해서) 미니자석
의 배열이 흐트러지지 않게 해야 한다. 이 밖에 고리 모양에
가까운 형상으로 해 두면. 자유자극끼리 정렬상태를 유지하는
방향으로 서로 끌기 때문에 자석이 약화되지 않는다. 이 생각
에 따르면 N-S극을 접근시킬수록 자극이 안정되어 좋을 것이
다. 그러나 자극의 간격이 너무 좁으면, 실제로 자석으로서 사
용할 경우 매우 불편하다.

그래서 자극간격을 좀 더 넓게 했으면 하여 실용적으로 만든
것이 말굽형 자석이다. 이런 형태의 것에서도 쓰지 않고 보관
해 둘 동안에는 자기력이 약화되지 않게 하기 위해서는, 자극
사이에 쇳조각을 걸쳐 둔다.

이렇게 해 두면 왜 자석이 약해지지 않을까? 자유자극이 없
어지기 때문이다. 걸쳐 놓은 쇳조각도 강자성체이므로 그 속에
는 무질서한 방향의 무수한 미니자석이 있다. 자극 사이에 끼
어있는 이들 미니자석은 N—S · N—S · …로 세로로 연결되
어 자석의 자유자극이었던 곳을 없애 준다.

보자력이 작은 자석에서는 사용하는 데 실제로 이와 같은 배
려가 필요하다. 그러나 보자력이 클 경우에는 편평한 자석을
아무 걱정 없이 사용할 수 있다.

2. 감자력이란?

자석 학교의 1학년과 2학년 과정에서 자화곡선, 자기이력곡
선을 공부했다. 자성체를 코일에 넣어 자화할 때, 자화 전류의
세기(자계의 세기)가 어느 만큼이면 자화정도(자화의 세기)가 어느
정도가 되느냐, 그 관계를 가리키는 것이 곡선이다.

변압기의 철심 같은 자성체라면 확실히 코일에 넣어 자화 전
류를 흘려서 사용한다.

잔류자기
여태까지는 외부에서부터 자화되어, 그 뒤에 남아 있었다는

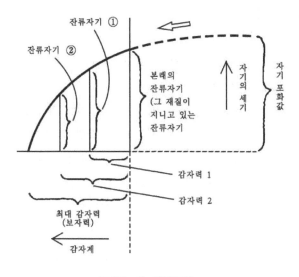

〈그림3-4〉 감자곡선

의미에서 잔류자화(殘留磁化)라고 불러왔다. 자석을 단독으로 사용할 경우, 그 자석에 남겨져서 그것이 지니고 있는 자기라는 의미로서는 잔류자기 쪽이 알기 쉬울 것이다. 내용으로는 같기 때문에 앞으로는 잔류자기라고 부르기로 한다.

그러면 자석의 경우는 어떨까? 자석으로 완성시킬 때는 착자장치(着磁裝置)에 넣어 전류를 흘려보내서 자화하는데, 일단 자석으로 만들고 나면 그 자체를 단독으로 사용하게 될 것이다. 이제는 자화전류 등과는 관계가 없다.

그렇다면 이력곡선은 어떻게 되리라고 생각하는가?. 이력곡선은 종횡의 축으로 구획된 네 군데의 장소에 걸쳐 있는데, 자석의 경우는 그 왼쪽 위의 4반분 부분만 생각한다.

외부로부터의 자화작용을 받고 있지 않기 때문에 플러스의 자화전류(자계)는 있을 수 없을 것이다. 자석은 착자조작에 의해 일단 포화하기까지 자화된 다음에 자화전류가 없어지는 것이므로, 그것이 갖고 있는 자기는 포화 값에서부터 내려와 잔류자기의 값으로 되어 있다.

잔류자기는 자석의 양단에 생긴 자유자극에 의해 보전되어 있다. 그러나 자유자극이 생겨 있으면, 납작한 자석에서 설명했듯이 아이러니컬하게도 자유자극 자신을 약화시킬 만한 힘이 반드시 나타나게 마련이다. 이 몹쓸 힘을 감자력(減磁力)이라 한다.

감자력

최초에 자석을 착자시키기 위해 가한 자계의 방향을, 우향의 플러스 방향이라고 생각하면 이 감자력은 마이너스이고 좌향이다. 그것이 지금 생각하고 있는 곡선의 가로축으로 나타내어져 있다.

이렇게 생각하면, 자석에는 외부에서부터 플러스, 마이너스의 어느 쪽 방향으로도 자계가 가해져 있지 않은데도 감자력이 작용한다는 것과 그것을 가로축으로 나타내는 것을 이해할 수 있을 것이다.

자석의 잔류자기는 감자력이 커짐에 따라 최초의 값에서부터 차츰 내려가, 감자력이 어느 크기(이것이 보자력이다)가 되면 제로가 된다. 자석의 자기이력곡선도 여기서 끝난다. 이 곡선은 그 성질로부터 생각하여 감자곡선(減磁曲線)이라 불린다.

감자력(감자계)이 1의 크기라면 잔류자기는 ①로, 감자력이 2라면 잔류자기는 ②로 줄어든다. 자유자극에 배열해 있는 무수한 미니자석은 감자력이 강해져도 정렬상태를 유지하려고 기를 쓰고 있지만, 감자력이 어느 세기까지 되면 끝내 항복하여 배열상태가 흐트러져 버리는 그 감자력이 보자력이다.

감자력이 1이 되었다, 2가 되었다 하는 그 세기는 무엇으로 결정될까? 그것은 납작한 자석에서 말했지만 중요한 것이기 때문에 다시 한 번 반복하기로 한다. 같은 재질의 자석이라도 (자유)자극의 면적이 넓을수록, 자극 사이의 거리가 짧을수록 감자력이 강해진다.

같은 재질로 만들어진 자석이라도 굵고 짧을수록 잔류자기가 감소되는 것이다.

3. 자극편의 기능

자극편이란?

마그넷 압정은 손쉽게 볼 수 있는 대표적인 자석의 응용품이다. 아름다운 색깔의 플라스틱 단추 같지만, 뒤집어 보면 검은 돌과 같은 것이 들어 있다. 이것이 자석이다. 그 자석은 대개 쇠로 만들어진 얕은 접시 바닥에 부착되어 있다. 이것은 페라이트자석이라는 종류의 자석이다.

이 쇠접시는 왜 붙여 두었을까? 그 까닭을 생각해 보자.

앞에서 납작한 자석은 보자력이 크지 않으면 쓸모가 없다고 설명했다. 페라이트자석은 뒤에서 자세히 설명하겠지만, 보자력이 크다. 그래서 압정에 쓸 만한 편평한 자석이 만들어진다.

이것은 좋은 일이기는 하지만 페라이트자석에는 약점이 있다. 유감스럽게도 잔류자기가 작다. 강철계통의 금속자석에 비해 1/3정도 밖에 안 된다. 이것은 무엇을 말하는가 하면, 같은 면적의 자극에서부터 나오는 자기력선의 수가 금속과 페라이트에서 3:1이라는 것을 말한다. 따라서 쇠를 당기는 힘도 그만큼 약한 셈이다.

그러나 이 결점은 보완할 수가 있다. 그것은 자극의 면적을 세 배로 해 주는 것이다. 이것으로 자기력선의 총수는 어느 쪽도 같아진다. 그러나 넓은 면적으로 흩어져 있기 때문에 인력은 증대하지 않는다. 다른 말로 비유한다면, 여성의 구두에 발을 밟혔을 때, 굽이 작은 하이힐과 큰 로우힐에는 큰 차이가 있는 것과 같다. 중량이든 자기력선이든 그것이 집중해 있으면 큰 힘이 되는 것이다.

그래서 이번에는 자기력선을 집중시키는 연구를 해 본다. 흩어져 있는 자기력선을 끌어 모아 끌어당기고 싶은 부분에 집중시키면 된다. 자석의 극에 쇳조각을 붙여서 넓은 자극에서부터 나가는 자기력선을 모아 이 쇳조각 끝으로 유도해 주면, 자기력선은 쇳조각의 좁은 단면적에 집중하게 된다. 이와 같은 역할을 하는 쇳조각을 자극편(磁極片)이라고 한다.

자극편의 역할

관점을 바꾸어 보면, 쇳조각 속에서는 미니자석이 페라이트의 자(화)력에 의해 정렬되어, 쇳조각의 끝 쪽이 페라이트의 자유자극을 대리하고 있는 것으로도 볼 수 있다. 쇳조각 속에는 미니자석이 충분히 많이 있기 때문에 단면의 면적이 작더라도, 면적이 넓은 페라이트에서부터 세로로 연결되어 가던 미니자석의 행렬이 쇳조각 속에서 가로로 배열된다. 이것으로 마그넷

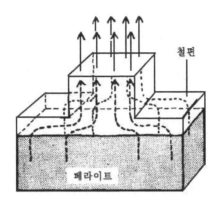

〈그림 3-5〉 페라이트자석을 강화한다

압정의 자석 부분 구조가 이해되었을 것이다.

페라이트자석에 접시를 덮어씌워둔 것 같은 모양의 자극편은, N극에서부터의 자기력선을 모아 접시 주변으로 유도한다. 자기력선은 거기서부터 끌어당겨야 할 상대의 쇠판으로 들어가, 좁은 공극(空隙)을 뛰어넘어 자석의 S극으로 되돌아간다. 이렇게 하여 침이 없는 압정이라도 종이 등을 쇠판 위에 붙어 있게 할 만한 인력을 발휘하게 된다.

그런데 현실은 어떻게 되어 있을까? 시판되고 있는 마그넷 압정을 잘 살펴보자. 자석이 자극편의 접시 중앙에 붙어 있는 것을 나는 아직껏 본 적이 없다. 이렇게 되면 애써 만든 자극편의 일부에서는, N극과 S극이 직접 연결되어 있게 된다. 전기로 말하면 쇼트(단락)되어 있는 것과 마찬가지다. 이러면 인력이 약해진다.

어느 정도나 인력에서 손해를 보고 있는지 시중에서 팔고 있

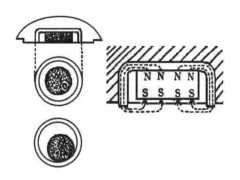

〈그림 3-6〉 마그넷 압정의 구조

는 마그넷 압정을 실험해 보았다. 자석의 지름이 20㎜ 정도인 것이었다. 자석뿐이고 쇠접시가 붙어 있지 않은 상태에서 쇠판과의 인력을 측정할 때 100g 정도였다. 자석이 중앙에 오도록 접시를 붙여서 측정하자 10배나 불어나 인력은 1㎏이 되었다. 접시의 위력은 참으로 대단하다. 그것이 자석을 한쪽으로 몰아두고 접시를 붙였을 경우에는 750g 정도이다. 접시를 중앙에다 붙였을 때보다 1/4이나 줄어든 것이다. 정말 아까운 일이다.

길버트가 생각한 자극편

자극편을 붙여 잔류자기가 작은 자석을 유효하게 사용하는 방법은 요즈음에 와서는 당연한 일로 되어 있다. 일본에서 페라이트자석이 발명된 무렵 이것은 특허로 되어 있었다. 그러나 훨씬 더 옛날의 책에도 비슷한 일이 기록되어 있다.

길버트라는 자석학자가 1600년경 쓴 책에, 자석에 쇠모자를 씌우면 인력이 강해진다고 적어놓고 있다. 강해지는 정도를 3배쯤으로 보고 있는 것 같은데 약간 적다는 생각이 든다. 이것

〈그림 3-7〉 자석에 철모를 씌운다(길버트)

은 그의 책에 나온 그림만 보고서 추측한 것이지만, 쇠모자를 더욱 깊고 크게 하고, 상하의 모자를 연결하는 데에 구리나 놋쇠를 사용하면 인력이 더 늘어나지 않을까? 길버트의 상하의 모자는 쇠갈퀴로 자기적으로 쇼트되어 있는 듯한 느낌이 든다.

4. 좋은 자석이란?

선생 좋은 자석이란 어떤 것일까?

학생 쇠를 잘 끌어 붙이는 힘이 강한 것이 좋은 자석입니다.

선생 그렇군. 그럼, 그 끌어 붙이는 힘이라는 것을 처음부터 자석이 갖고 있었는가? 기억할 수 있겠니?

학생 자석은 그 재료를 자화함으로써 자석이 된다고 배웠습니다. 자화하는 힘을 외부에서부터 가해 주면, 그 재료

속에서 미니자석이 정렬합니다. 이 정렬상태는 외부에로 부터의 자화력을 제거해도 뒤에까지 남아 있기 때문에 그 재료를 자석이라고 할 수 있겠습니다.

선생 그래, 그렇지. 지금 자네는 미니자석의 정렬상태가 남아 있다고 했었지. 이것은 자화력을 제거한 후에도 남아 있는 자기라고 해서 잔류자기라고 불린다. 그렇지?

학생 네, 기억하고 있습니다. 그래서 좋은 자석이란 잔류 자기가 큰 자석이라고 하겠군요.

선생 그래요. 하지만 그것만으로 족할까? 처음에는 강하더라도 금방 약해져 버리는 것이라도 좋을까?

학생 그래서는 안 될 것이라 생각합니다. 약해지기 쉬운 자석과 약해지지 않는 자석이 있습니까?

선생 그래. 약해지는 방법은 자석재료의 종류에 따라 굉장한 차가 있지. 한마디로 말하면 앞에서 공부한 보자력의 크기로써 결정된단다. 이것이 클수록 약해지기 어려운 것이야.

학생 그럼 잔류자기와 보자력 양쪽이 다 큰 것이 좋은 자석이군요.

선생 그래요. 그것만으로도 대충 어림은 가지만 또 하나 중요한 것이 있단다. 이것을 알기 위해서는 자석의 자기이력 곡선을 잘 조사하지 않으면 안 되지. 다만 자석의 경우는 감자곡선이었지?

학생 네, 그랬어요. 헌데 그걸 어떻게 보는 겁니까?

선생 감자곡선에서 출발점과 종착점이 결정돼 있을 경우, 그 사이에 생기는 곡선은 한 개뿐일까?

학생 몇 개라도 그릴 수 있습니다.

선생 그렇다. 휙하니 종점으로 향해 떨어져 가는 것과, 출발점에서부터 곡선이 수평으로 가로 뻗어 한계점에 가서 단숨에 떨어지는 것이 있어도 된다는 이치겠지.

학생 네, 그렇군요. 감자곡선이 자석의 성질을 나타내는 것이라면, 자석에 따라 곡선의 모양도 바뀔 것이라고 생각합니다.

선생 옳아, 그래서 감자곡선이 어깨에 힘을 주고 있는 듯한 형상 쪽이, 보자력은 같아도 약해지기 어렵다고 말할 수 있지.

학생 그 점은 잘 알았습니다. 그렇다면 자석의 좋고 나쁨을 말하는 데는 일일이 감자곡선을 상대하지 않으면 불충분합니까?

선생 좋은 방법이 있어요. 곡선을 그리지 않아도 할 수 있는 것이야. 감자곡선이 팽창하는 상태를 표현하면 될 거야. 어깨가 올라갔다든가 처져 있다든가.

학생 하지만 그걸 숫자로 나타내야 하지 않습니까?

선생 그렇지. 그러려면 먼저 정식으로 감자곡선을 그려보는 거다. 세로와 가로축의 단위가 여태까지와는 다르게 돼 있지만, 내용은 같은 걸 나타내고 있으니까 너무 구애되지 말고 보려무나.

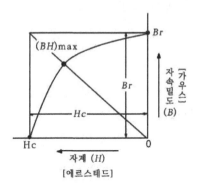

〈그림 3-8〉 감자곡선과 BH적

학생 네.

선생 〈그림 3-8〉의 잔류자속밀도 Br의 점과, 보자력 Hc의 점을 두 변으로 하는 직사각형을 만들자. 그것의 원점을 통과하는 대각선과 곡선과의 교점을 구하면, 그것이 곡선의 팽창상태를 나타내는 점이 되는 거야.

학생 그 점의 세로축, 가로축의 값을 두 개 배열해서 팽창을 나타내는 겁니까?

선생 그렇게 해도 좋겠지만, 그 둘을 곱한 값으로 한다. B의 값과 H의 값을 곱한 값이기 때문에 BH적(積) 또는 BH 라고 부르지. 감자곡선 위의 여러 점에서 BH적(에너지적)을 만들어 보면, 아까 말한 점에서의 곱한 값이 최대가 되거든. 이것을 $(BH)_{max}$라고 적는다. 최대 에너지적이라고도 한단다.

학생 그럼 그림의 기호로써 말하면 Br, He, $(BH)_{max}$가 큰 것이 좋은 자석이군요.

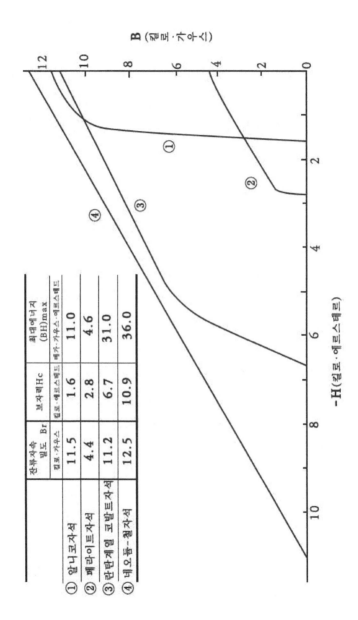

〈그림 3-9〉 대표적인 자석의 감자곡선과 자성데이터

선생 그래, 그렇다. 대표적인 자석에 대해 예를 들어 둘까. 굉장한 차이가 있잖아. 좋은 자석이기 위해서는 값도 생각해야 하지. 아무리 특성이 좋아도 실용으로 하자면, 이 밖에도 무게라든가 기계적인 강도라든가, 온도가 바뀌면 어떻게 된다든가 여러 가지로 생각해야 하는 일이 많은 거란다.

5. 좋은 자석을 만들려면

여태까지 공부한 것을 이용해서 좋은 자석을 만들어 보자. 잔류자속밀도 Br, 보자력 Hc, 최대(자기)에너지적(積)을 크게 하면 된다는 것을 알았다. 그러려면 어떻게 하면 좋은가? 이것이 문제이다.

이 중의 잔류자속밀도의 향상은 거의 한계점까지 도달해 있다. 그것은 자석의 성분이 되는 강자성 금속으로서는 철, 코발트, 니켈에 국한되고, 그것들에 대해서는 이미 연구가 다 되어 있기 때문이다.

그래서 좋은 자석을 만들기 위한 목표는 나머지 보자력 Hc와 최대에너지적 (BH)max을 크게 하는 일에 집약되어 있다.

보자력을 높이는 데는 자석이 지니고 있는 잔류자기가 감자력에 의해 약해지지 않아야 할 필요가 있다. 모처럼 일정 방향을 향해 가지런하게 되어 있는 수많은 자구(磁區)의 자화방향이 바뀌기 어렵게 하는 것이다.

자벽의 이동을 막는 방법

자구와 자화의 관계를 상기하기 바란다. 자구와 자구 사이에 있는 자벽은 거기에 작용하는 외부로부터의 자계에 의해 작용하고, 그것에 의해 자화가 변화하는 것이었다. 그렇다면 자벽이 이동하는 것을 막으면 자화의 상태는 바뀌지 않는다.

자벽이 이동하려 해도 여기저기에 걸리게 되면 이동하기 어렵기 때문에, 감자력이 가해져도 자기는 줄어들지 않을 것이다. 납작한 자석에서 설명한 「원자배열의 교란」은 이 장애물에 해당한다.

이런 것을 만들려고 하는 생각은 비교적 오래전부터 있었다. KS강이니 MK강 등의 높은 보자력은 이 사고방식으로 해석할 수 있다.

단자구의 (자벽이 없는) 미립자에 의한 방법

자성체를 작은 알갱이로 만들어 가면, 자벽으로 격리된 두 개 이상의 자구가 형성될 여지가 없어진다. 자벽 속에서는 전자스핀(원자자석의 근원)이 그 방향을 발을 비틀어 놓듯이 차츰 변화시켜 가고 있었다. 그런 자벽이 없다면 자구는 자화방향을 바꿀 수가 없다.

앞에서 말한 것은 자벽의 이동을 방해하는 방법이었으나, 이번에는 이동시켜야 할 자벽이 없는 재료를 만들려고 한다. 이것이 어느 정도의 미립자냐 하면, 그 반지름은 이론상 쇠에서는 약 10만분의 1㎜, 바륨-페라이트에서는 약 1,000분의 2㎜가 된다. 쇠라면 곤란하지만 바륨-페라이트라면 쇠보다 상당히 가능성이 있을 만한 쇠의 20배의 크기이다. 실제로 현재 페라

이트자석이라 불리는 것은, 이런 사고방식에 의한 고 보자력자
석이다. 란타넘계열 금속 자석도 이 부류에 속한다.

자기 이방성에 의한 방법

이와 같은 단자구 입자는 인공적으로 만드는데, 그 입자의
재료 자체의 성질로서도 높은 보자력을 가져 주었으면 싶다.
단자구 입자라고 하는 미세한 입자로 만들기 쉽고 더구나 높은
보자력을 지니는 재료가 바람직하다.

여기서 자기 이방성(磁氣異方性)이라는 말을 상기해 주기 바란
다. 결정의 방향에 따라 자화방법에 쉽고 어려움이 있는 것을
말한다. 이 쉽고 어려운 차가 큰 결정이 있다면 재미있으리라
고 생각되지 않는가? 자화하기 쉬운 방향으로 일단 자화해 버
리면 그 자화방향을 바꾸기 힘든 그런 결정은 높은 보자력을
나타낼 것이다.

바륨-페라이트나 란타넘계열 코발트 등의 결정은 그런 성질
을 지니고 있다.

최대 에너지적을 향상시키려면?

자기 이방성이 큰 재료로 자석을 만들면 감자력에 대한 저항
이 강한, 바꿔 말하면 보자력이 큰 자석이 얻어진다는 것은 여
태까지의 설명으로 알았을 것이다.

이와 같은 자석을 감자곡선으로 보면 곡선이 내려가기 어렵
게 된다. 이를테면 〈그림 3-10〉의 곡선 ①과 같은 등방성(等方
性)의 것이라도, 어떤 방법으로써 극단적으로 이방성을 크게 할
수 있다면, 같은 잔류자기점에서부터 출발하더라도 곡선은 금

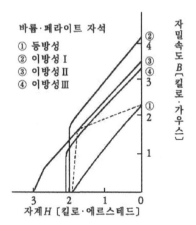

〈그림 3-10〉 이방성을 강하게 해서 최대에너지적을 크게 한다

방 내려가지 않고, 점선으로 보인 것과 같은 하강방법으로 보
자력점에 도달할 수도 있을 것이다. 이리하여 감자곡선의 어깨
가 팽팽해진 것이므로 최대에너지적이 커졌다는 것이다.

최대에너지적은 이와 같이 자기이방성을 한계점까지 발휘시
키면 크게 할 수가 있다.

잔류자기와 보자력 양쪽이 되도록 큰 재료를 써서, 그 감자
력에 대한 저항력을 완전히 발휘할 수 있을 만한 제조기술을
개발하면, 최대에너지적이 높은 자석이 얻어질 것이다.

제조기술에 의한 이방성의 강화

이방성을 어떤 방법으로 강화하면……이라고 앞에서 말했다.
그것을 좀 더 설명한다면 이런 것이다.

어떤 자석재료의 결정이 아무리 강한 이방성을 갖고 있다고
하더라도 자석으로 완성시킨 경우, 그 속의 결정입자가 제각기

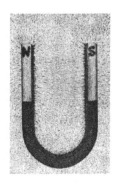

U자형 자석 주위의 자력선

제멋대로의 방향을 향하고 있어서는(등방성에서는) 전체로 볼 때
이방성이 아니게 된다.

모든 결정의 자화 용이방향이 일정한 방향으로 가지런해지도
록 재료를 만들어 그 방향으로 자화시켜 주면 강한 이방성을
지닌 자석이 될 것이다.

이것은 제조기술의 문제가 되기 때문에, 이 이상의 것은 뒤
에 나올 바륨-페라이트자석의 항목에서 좀 더 구체적으로 설명
하겠다.

고무자석으로 만든 초보운전자 표지

4장
자석의 발달

1. 금속자석, 페라이트자석

자석이 남북을 가리킨다는 사실을 처음 알았을 무렵에는 천연 자철광을 그대로 자석으로 사용하고 있었다. 당시는 그 정도의 것으로도 충분히 쓸모가 있었다.

그러나 언제까지고 그것으로 만족했던 것은 아니다. 조금이라도 더 강력한 자석을 인공적으로 만들려는 노력은 꾸준히 이어져 왔다.

금속자석(자석강)

쇠는 미량의 탄소를 함유한 강철이다. 이것은 기원전의 예로부터 인류에게 알려져 칼 등에 사용되어 왔다. 이 강철이 좋은 자석이 된다는 것을 알고 적극적으로 자석의 재료로 이용되게 되었던 것은 300년쯤 전의 일이다.

이것을 시작으로 그 후 텅스텐이라든가 크롬 등을 함유하는 자석강(磁石鐵)이 만들어졌다.

시대가 훨씬 내려와 1917년에는 일본의 혼다(本多光太郎) 박사들에 의해 KS강이 발명되었다. 이것은 그 보자력이 그때까지 것의 3배(250에르스텟)나 되는 획기적인 자석이었다. 에르스텟(Oersted)는 자계의 세기를 나타내는 단위로 보자력의 가늠이 된다.

1931년에는 역시 일본의 미시마(三島德七) 박사가 MK강을 발명했다. 보자력이 KS강의 2배 이상(400~600에르스텟)이나 되어 세계를 놀라게 했다.

보자력이 크다는 것은 자기력이 약화되기 어려운 자석이 만들어진다는 것을 말한다. 보자력이 높은 재료를 만드는 것은

〈사진 4-1〉 MK자석의 시조,
미시마 씨(1893~1975)

〈사진 4-2〉 페라이트자석의
발명자, 다케이 씨(1899~?)

자석연구자들의 오랜 숙원이었기 때문에 일본 학자들의 성공은 세계의 주목을 끌었다.

MK강은 니켈과 알루미늄을 함유한 강철인데, 미국에서는 다시 코발트를 첨가한 알니코(Alnico)자석을 만들었다. 이것이 각국으로 퍼져 나가 MK자석 보다 더 유명해졌다.

그 후 MK강에 코발트를 첨가한 개량품이 시장에 나왔다.

산화금속자석(페라이트자석)

MK자석이 발명되던 무렵, 전혀 다른 형식의 자석이 또 일본에서 태어났다. 가토(加勝與五郞), 다케이(武井武) 두 박사에 의한 OP자석이 그것이다.

금속의 산화물, 즉 녹이라고 해도 될 만한 성분을 지닌 자석이다. 코발트와 철의 산화물로 되어 있고 화학식으로 쓰면 3$CoO \cdot Fe_2O_3 \cdot FeO \cdot Fe_2O_3$이 된다.

이 식에서 $FeO \cdot Fe_2O_3$는 철산화물로서 자철광(Magnetite)에 해당한다. $CoO \cdot Fe_2O_3$도 그 친척 비슷한 산화물이다. 이 둘은

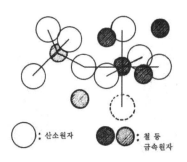

〈그림 4-3〉 페라이트의 결정모형

다 페라이트라고 불리는 화합물 중의 하나이다.

이렇게 본다면 OP자석은 인간이 최초로 알게 된 산화물 자석이 근대적인 형태를 취해서 다시 태어난 것이라고 할 수 있다.

그 보자력은 MK자석보다 더 높아 600~900에르스텟에 달했다. 그러나 잔류자기는 강철계통 자석의 1/3 정도이다. 즉 같은 면적의 자극에서부터 나오는 자기력선이 강철의 1/3이라는 것이다. 이래서는 곤란하다고 생각할지 모르나 OP자석의 비중은 강철의 1/3 정도다. 따라서 세 배의 중량인 OP자석을 써서 자극의 면적을 3배로 하면 잔류자기의 부족한 몫을 보완할 수 있다. 이것에 대해서는 「자극편의 기능」에서도 이미 설명한 바 있다.

OP자석의 잔류자기가 작은 데는 이유가 있다. 본래 자석의 자기라는 것은 그 성분인 쇠와 같은 자성원자를 근원으로 하고 있다. 강철계통의 자석이라면 그 본체는 거의 철원자만으로 이루어져 있다. OP자석은 앞의 화학식으로부터 알 수 있듯이, 그 성분 속에서는 철원자가 자성이 없는 산소원자로 희석되어 있다. 그만큼 자성도 약해지는 셈이다.

OP자석은 이상과 같이 매우 특징적인 자석이었으나 일본에서 태어났으면서도 오히려 외국에서 주목을 받았다.

네덜란드의 필립스사에서는 많은 학자들을 동원하여 페라이트를 기초에서부터 철저하게 연구했다. 그 결과 우수한 바륨-페라이트자석($BaO \cdot 6Fe_2O_3$)을 1951년에 완성했다.

이것은 값이 비싸고 손에 넣기 어려운 코발트를 필요로 하지 않고, 보자력도 1000에르스텟에 달하는 큰 특징을 지니고 있었다. 또 그 후의 연구에서 특별한 제조법으로 생산하면 자기적 성질이 더욱 향상된다는 것을 알고 공업화에도 성공했다.

이리하여 페라이트자석이라고 하면 바륨-페라이트를 가리키게 되어, OP자석(코발트-페라이트)은 페라이트자석의 선구자라는 명예만을 간직하게 되었다.

「녹자석」, 「도자기자석」의 제조법

학생 페라이트가 녹의 일종이라는 것은 전에 들었었지만, 이번에는 도자기로 만든 자석입니까? 아주 별난 이름이군요.

선생 그렇게 생각할 거야. 도자기가 자석으로서 쇠를 끌어당기다니 이상하잖아. 그런데 도자기는 어떻게 하여 만드는지 알고 있니?

학생 찰흙으로 형상을 만들어 그것을 굽겠지요. 사기그릇을 도자기라고 하는 것은 그 때문이 아닙니까?

선생 그래 맞았어. 페라이트자석도 같은 제법을 취하기 때문에 도자기자석이라는 별명이 붙은 거야.

학생 그렇습니까. 하지만 설마 찰흙으로야 만들지 않겠지요.

선생 그건 그래. 페라이트의 주된 원료의 하나는 철의 산화물이란다. "홍각(紅殼)"이라 불리는 붉은 가루지. 철교나 큰 선박 등에 녹이 슬지 않게 붉은 도료를 바르잖아. 그건 홍각을 용제에 섞은 것이야.

학생 철의 산화물이라고 말씀하셨는데 그건 앞에서 나왔던 자철광을 말하는 것입니까?

선생 응, 잘 기억하고 있었군. 하지만 그것과는 달라. 철과 산소의 화합방법이 다르거든. 홍각은 철원사 2개에 산소원자 3개가 결합한 것이야. 철과 산소의 원자가 1개씩 화합한 것이 홍각과 결합하면 자철광 $FeO \cdot Fe_2O_3$가 되겠지. 자철광도 철의 페라이트라고 해도 돼.

학생 같은 산화물이라도 여러 가지가 있군요. 홍각 말고는 또 어떤 것이 원료로 되는 겁니까?

선생 탄산바륨이라는 흰 가루가 쓰이지. 이것은 구우면 산화물로 변한다.

학생 철은 처음부터 산화물이었는데 그걸 구우면 어떻게 됩니까?

선생 응, 참 좋은 질문이야. 홍각은 고온에서 산화바륨과 화합하여 하나의 물질이 된다. 그것이 페라이트야. 이 경우는 바륨-페라이트가 되는 거야.

학생 자철광을 가리켜 철의 페라이트라 한 것과 같군요.

선생 그래. 잘 알고 있군.

학생 원료는 가루라고 말씀하셨는데, 그걸 어떻게 굳히는 거죠? 찰흙을 반죽하듯 해서 형상을 만드는 것입니까?

선생 틀로써 만드는 것이란다. 금형(金型)에 가루를 넣고 큰 압

력을 가해서 성형하는 거다. 도자기에서 도식기류와 같
이 대량생산을 하는 건 역시 틀로 성형해서 굽는단다.

학생 도자기도 페라이트도 꼭 같은 제조방법이군요. 도자기자
석이라고 부르는 까닭을 알았습니다.

선생 도자기는 굽기만 하면 완성되지만, 페라이트자석에서는
구운 것을 자화해야 비로소 진짜가 완성되는 거야. 그
것만 다를 뿐 페라이트자석은 무른 것도 도자기와 흡사
해. 기계적인 충격에는 약하거든.

좋은 기회니까 잠깐 첨가하여 말해 두겠다. 최근에 세라믹스
(Ceramics)니 파인세라믹스(Fine Ceramics)니 하는 말을 자주
듣게 되는데, 세라믹스란 천연으로 나오는 광물가루를 굳혀서
고온에서 굽거나 녹여 만든 것을 말한다. 도자기나 유리, 페라
이트 등이 여기에 속하므로, 페라이트자석은 세라믹스자석이라
해도 된다.

등방성자석과 이방성자석

페라이트자석을 만드는 방법을 말했을 때, 다 구워진 것을
자화한다고 말했다. 이것을 "착자(着磁)"라고 하는데, 착자에 의
해 넋이 들어가 비로소 자석이 되는 것이다.

지금 가령 정육면체 모양의 페라이트가 구워졌다고 하자. 이
것에는 상하라든가 앞뒤라든가 하는 구별이 없다. 그래서 어느
방향으로 향해 착자를 해도 같은 세기의 자석이 만들어진다.

이것은 당연한 일로, 무엇을 새삼스럽게 그런 말을 하느냐는
독자도 있을지 모르겠다. 그러나 특정 방향으로 착자를 시켜

주면 그 방향에서 자석의 세기가 강해지는 방법이 있다.

이 방법으로 만든 것을 이방성(異方性)자석, 특별한 일을 하지 않고 보통으로 만든 것을 등방성(等方性)자석이라고 한다. 자석의 세기가 자화하는 방향에 따라 다르느냐, 어느 방향에서도 같으냐를 표현하고 있다.

왜 이와 같은 일이 가능한지, 어려운 설명은 제쳐두고 알기 쉽게 설명하자.

여기서 철의 단결정에 대해 자화 용이방향이나 자화 곤란방향 또는 자기 이방성을 설명했던 것을 상기해 주기 바란다. 이방성자석이라는 것은 이것을 교묘하게 이용한 것이다.

바륨-페라이트의 결정은 짧은 육각기둥과 같은 모양을 하고 있다. 이 기둥은 높이의 방향이 자화 용이 방향이다. 바꿔 말하면 높이의 방향이 강한 자석으로 만들기 쉽다는 것이다. 만약 납작하다고 해도 될 만한 이와 같은 결정을 평행으로 배열할 수 있다면 어떻게 될까? 무수한 육각기둥이 높이방향을 가지런히 하여 배열해 있는 것이 될 것이다. 그렇다면 그 방향이 강한 자석이 되기 쉬울 것이다.

이방성자석은 등방성자석에 비해 제조상으로 훨씬 어렵다는 것은 말할 나위도 없다. 그러나 기술이 진보하여 대량생산도 가능하게 되었다.

2. 란타넘계열 코발트자석, 란타넘계열 철자석

란타넘계열 코발트자석의 출현

바륨-페라이트자석이 개발된 후에도 더 새로운 강력자석을

〈표 4-4〉 자석 1㎤로 들어올려지는 철의 중량
(*) 계산치 스미토모 특수금속(주) 자료에 의함

자석명	에너지 적 (MGO$_2$)	비중 (g/㎤)	최대 리프트 중량*(㎏)	자중에 대한 철 중량비
NEOMAX	35	7.4	4.7	×640
라탄넘계열 코발트	25	8.4	3.3	×390
페라이트	4	4.9	0.6	×120

겨냥하는 연구는 각국에서 정열적으로 계속되었다. 그 결과 1970년대에 들어 란타넘계열 코발트자석이라는 새로운 형식의 합금자석이 실용화되었다.

란타넘계열이라는 귀에 선 이름이 나왔으나, 이것은 어떤 것 보다도 뛰어난 굉장한 자석이다. 얼마나 뛰어난 것인가를 대충 말하면 다음과 같다. 1㎤ 크기의 자석으로 들어 올릴 수 있는 철의 무게를 비교해 보면 페라이트자석에서는 0.6㎏이지만, 란타넘계열 자석에서는 그것의 5배 이상인 3.3㎏이나 된다.

보자력은 페라이트가 2,000에르스텟인 것에 대해 이 자석은 무려 9,000에르스텟 이상이다. 그것도 연구실에서 고생 끝에 겨우겨우 만들어지는 것이 아니라, 공장에서 대량으로 만들어 지는 자석에 대한 이야기다. 자기에너지는 메가(100만)-가우스-에르스텟 단위로서 페라이트자석은 4, 이 자석은 25로 6배를 넘고 있다.

그렇게 굉장한 자석이라면 여태까지의 금속자석이나 페라이 트자석과 대체할 수 있는가 하면 그렇게는 안 된다. 값이 비싸기 때문이다. 원료도 비싼데다 제조방법도 꽤 복잡하다. 값은 이차적이고 어쨌든 특성이 좋은 자석을 썼으면 싶을 때에 이용된다. 어떤 물건에 대해서도 적용되는 말이지만 적재적소라는 사고방식이 역시 필요하다.

값이 비싸다고 말했는데, 1986년 10월 17일자 일본의 모 신문에 따르면, 페라이트자석이 1kg에 700엔 전후, 란타넘계열 코발트자석이 4만 엔으로 되어 있다.

란타넘계열 코발트자석은 금속자석의 일종으로, 제조공정의 시초 단계에서는 용해라든가 주조 등의 과정을 거친다. 그 후에 분쇄하여 가루로 만들어 페라이트처럼 프레스 기계로 성형한다. 이 때 이방성을 갖게 하는 성형을 한다. 이것을 용광로에서 구운 뒤 착자(着磁)시켜 완성품으로 만든다.

이와 같은 제조방법이기 때문에 란타넘계열 코발트자석도 세라믹스자석이라고 말할 수 있다. 여기서 란타넘계열 금속에 대해 간단히 덧붙여 두겠다. 이것은 유(類)라고 부르고 있는 것으로도 알 수 있듯이 몇 개의 금속원소의 그룹을 가리키고 있다. 토(土)란, 고온에서 구워도 매우 변화하기 어려운 금속산화물을 가리킨다. 예로부터 있는 말이다. 「희(稀)」란 「드물다」를 의미한다. 그러므로 토류 중에서도 드물게 산출되는 그룹이 란타넘계열이다.

이 그룹에 속하는 금속 원소는 16개 종류가 있다. 그 중의 하나인 사마륨(원자번호 62, Sm)이라는 금속과 코발트와의 화합물이 훌륭한 자석이 된다. 엄밀히 말하자면 사마륨 코발트자석인 것이다.

란타넘계열 철자석

사마륨 코발트자석은 극한점까지 도달한 최종적인 우수한 영구자석이라고 생각되고 있었다. 이 자석의 약점은 자원적으로 부족하여 값이 비싼 금속을 사용해야 하는 것 외에는 특성상으로 이것을 능가하는 재료가 나타나리라고는 아마 아무도 꿈에서조차 생각하지 못했을 것이다.

그런데 그 꿈보다 더한 재료가 나타난 것이다. 사마륨 코발트자석은 외국에서 발명되었으나, 이 새로운 자석은 또다시 자석왕국 일본에서 발명되었다.

이 신재료는 역시 란타넘계열 원소의 하나를 사용하고 있는데, 사마륨이 아니라 네오디뮴(원자번호 60, Nd)이라는 원소이다. 그리고 값비싼 코발트 대신 철을 사용하고 붕소가 조금 들어가 있다.

이 자석은 1㎤의 크기로 4.7㎏의 철을 들어 올린다. 앞에서 든 예와 비교하여 페라이트자석의 8배, 사마륨 코발트자석의 1.4배의 힘을 가졌다.

3. 고무자석, 플라스틱자석

고무나 플라스틱 속에 들어 있는 자석

현재 실용화되어 있는 자석으로서 특수강자석, 페라이트자석 그리고 란타넘계열 자석에 대해 설명해 왔다. 지금 우리 주위에 있는 자석은 이것으로 전부일일까?

이 밖에 또 별난 자석이 있다.

〈사진 4-5〉 고무자석을 이용한 자동차 초보운전자 마크. 자극검사
기로 보면 줄무늬 모양으로 N-S가 번갈아 붙어 있다

　텔레비전의 기상 프로에 나오는 자석도 그런 것이구나 하고
알아챈 사람도 있을 것이다. 고무나 염화비닐의 얇은 판에 기
상용 기호가 그려져 있고, 이것이 지도 위에 달라붙는 것을 본
적이 있을 것이다. 또 요즘에는 바둑을 해설할 때도 바둑판 위
에 달라붙는 바둑알을 쓰고 있다. 자동차에 붙이는 「초보자」라
는 표지에도 이것을 이용한 것이 있다.

　이것은 자석의 가루를 고무나 플라스틱 속에 반죽으로 하여
넣은 것으로 판자 모양으로 얄팍하게 펴 놓은 것이다. 고무자
석 또는 반대로 자석고무라 해도 된다.

　완성된 것을 살펴보면, "콜럼버스의 달걀"일 뿐 특별한 대발
견인 것 같지도 않다. 자석과 고무에 대한 지식이 있는 사람이
라면 착상할 만한 물건이다. 그러나 가령 이 같은 아이디어를
생각한 사람이라도 40~50년 이전이었다면 실현이 불가능했을
것이다. 당시의 자석재료라고 하면 딱딱한 특수강에 국한되어
있었다. 이런 것은 간단하게 가루로 만들 수가 없다. 또 설사

가루로 만들었다고 해도 보자력이 작기 때문에 자석의 성질을
지속할 수가 없다.

현재와 같은 고무자석이 만들어지게 된 것은 가루로 만들기
쉽고, 보자력도 높은 페라이트자석이라든가 란타넘계열 자석이
있었기 때문이다.

고무자석이 실용화된 것은 1955년 전후부터이다. 고무처럼
가위로 자르거나 금형으로 찍어내거나 할 수 있기 때문에 딱딱
한 자석으로는 생각조차 할 수 없었던 용도에 응용되었다.

그래도 갓 생겼을 무렵에는 신기하게 대하기는 했으나 금방
널리 사용되지는 않았다. 냉장고의 도어 패킹용 고무로 사용되
면서 겨우 일반화했다고 할 수 있다.

그 무렵에는 자석가루를 반죽하여 넣는 기초재료로 고무뿐만
아니라 각종 플라스틱도 쓰이게 되어 있었다.

그 결과 제품의 형태도 주로 롤러 압연에 의한 박판 모양과,
보통의 플라스틱 제품에서 볼 수 있는 것과 같은 압출 성형에
의한 각종 형상의 것이 만들어지게 되었다.

이방성 고무자석

제조기술의 진보에서 주목할 것은 고무자석을 압출성형 할
때 이방성으로 하는 기술이 이루어졌다는 점이다. 이것은 고무
나 플라스틱 속에서 자석가루를 자화하고 싶은 방향으로 배열
시키는 기술이다. 이때 사용하는 자석가루는 사전에 이런 목적
에 적합한 형상으로 해 둔다. 이렇게 성형한 고무자석은 자화
하고 싶은 방향에서 분자자석 또는 미니자석이 배열하기 쉽게
되어 자화된 쪽이 강해진다.

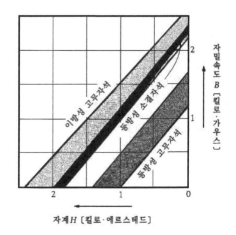

자밀속도 B [킬로·가우스]

이방성 고무자석

등방성 소결자석

동방성 고무자석

자계 H [킬로·에르스테드]

〈그림 4-6〉 이방성 고무자석과 등방성 소결 페라이트자석과의 비교

이와 같은 재료가 이방성(異方性)을 지닌다는 것은 페라이트자석에서 설명한 그대로이다. 이방성이 아닌 보통의 것은 등방성 재료라고 말했었다.

이방성으로 만든 고무자석의 자성은 등방성인 페라이트자석보다 못하지 않다. 그 이방성 고무자석을 양산하는 기술이 진보했기 때문에 등방성 페라이트자석의 용도를 침식해 들어가는 경향이 보인다.

그러나 승부는 그리 간단하게 결말나는 것이 아니다. 고무자석은 금속이나 페라이트자석에 비해 여러 가지로 우수한 점이 있으나 그 반면 결점도 있다. 무엇이든 다 좋은 것만 있는 것은 없다.

원래 고무자석은 고무나 플라스틱 바탕에 자석가루를 섞은 것이므로 자석 본체의 밀도가 작아져 있다. 따라서 같은 체적을 취해 보면 고무자석 쪽이 본래의 자석에 비해 자성이 떨어

종류		밀도 [g/cm³]	신장 [%]	인장세기 [kg/cm²]	경도*
등방성	1	2.4	540	–	65
	2	2.9	430	–	75
	3	3.3	130	30	83
	4	3.6	40	36	90
	5	3.9	–	–	95
이방성	6	3.6	40	35	90

(주) *JIS 스프링식 경도계에 의함

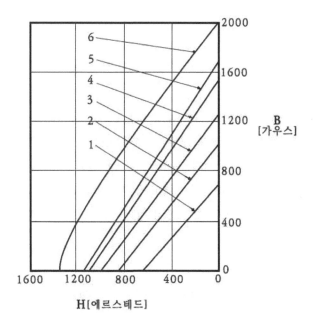

〈그림 4-7〉 고무자석의 특성인 감자곡선

지는 것은 어쩔 수 없는 일이다.

고무자석에서 가루를 섞는 양을 많게 하면 자성은 좋아지지만, 고무로서 또는 플라스틱으로서의 좋은 점은 당연히 떨어지게 마련이다.

그 예로서 어떤 종류의 페라이트를 고무자석으로 했을 경우의 특성을 보여 둔다. 자성과 고무 성질과의 관련성이 잘 나타나 있다.

고무자석의 이용

마지막으로 고무자석의 주된 용도를 들어보겠다.

〈주로 등방성인 것〉

1. 교재, 문방구, 장난감, 잡화, 가정용품 등
2. 광고, 표시, 간판, 도장 마스킹용 등

〈주로 이방성인 것〉

1. 모터 관계(소형 모터, 스테핑 모터 등)
2. 음향기기(스피커, 마이크, 헤드폰 등)
3. 가전용품(라디오, 텔레비전, 테이프레코더 등)
4. OA기기(복사기, 오프컴 등)

4. 자석은 어디까지 세어지는가?

초초강력 자석—초전도자석

전에는 생각지도 못했던 강력한 자석이 개발되어 실용화되게 되었다는 것은 앞에서 이미 말했다. 그러나 이들 자석의 세기에도 한계가 있다. 자석의 N, S극을 마주 보게 하여 그 간격을 3㎝로 했을 경우, 가장 우수한 자석을 사용해도 자계의 세기는 2000에르스텟 정도일 것이다.

그보다 더 강력한 자계를 원한다면 아무래도 전자석에 의존하지 않을 수 없다. 이 책은 자석에 대해 쓴 것이기 때문에 전자석의 힘을 빌고 싶지는 않다. 그렇다면 체념해야 하는 것일까? 아니, 그렇지는 않다.

10만 에르스텟, 즉 자기력선이 1㎠당, 이를테면 10만 개라는 엄청난 자계가 얻어지는 초강력 자석을 만들 수가 있다. 다만 자석이라고는 하지만 우리들이 흔히 보는 자석과는 상태가 매우 다르다.

누구나 다 잘 알고 있듯이 전자석이라는 것은 철심에 코일을 감은 것이다. 앞에서 말한 초강력자석은 철심이 없는 속이 빈 심, 즉 공기가 심으로 되어 있는 코일이다. 철심이 들어간 코일이라면, 코일에 흘리는 전류를 크게 하면 전자석의 세기도 증대하지만, 철심의 재료에 따라 정해지는 일정한 세기에서 보합 상태가 된다. 공심이라면 코일의 전류가 커지면 그것에 비례하여 코일자석은 무한정 세어진다.

그러나 큰 전류를 흘려보내는 것이기 때문에 거기에 발생하는 열량도 방대해진다. 그 처리를 어떻게 해야 할지, 이와 같은 자석을 만드는 데는 매우 어려운 문제가 나온다. 그러나 이론상으로는 전류만 증대시켜 주면 된다.

이와 같이 공심(空心)코일을 사용하면 얼마든지 강한 자석이 만들어지는 것을 알았을 것이다. 그러나 이것은 철심은 쓰고 있지 않지만 아무래도 전자석의 부류에 속함 것 같다. 전류를 외부로부터 흘려보내주면 자석으로 되어 있지만, 전류를 끊어 버리면 자석이 아니게 되기 때문이다. 그러므로 이것은 공심전 자석(空心電磁石)이라고 하는 것이 걸맞을 것이다.

앞에서 전자석에는 의존하고 싶지 않다고 말했으므로, 새삼스럽게 그것을 등장시키기는 싫다. 전자석에서는 코일에 전원을 접속하여 자화를 위한 진류를 흘러보낸다.

한편 생각할 수 없는 일이기는 하지만 전원을 일부러 접속하지 않아도, 코일에 전류가 계속하여 흐르는 것이 있다면 어떻게 될까? 그 코일은 외부로부터 에너지를 공급받지 않아도 자석이 된 채로 있을 것이다. 이런 자석이라면 코일을 사용하고 있더라도 전자석으로 단정하지 않고, 오히려 광범한 의미에서 영구자석의 무리에 넣을 수 있지 않을까?

그런 입장에서 이 이상한 자석에 대해 설명하겠다.

먼저 코일 속을 전류가 끊기지 않고 계속해 흐른다는 것이 아무래도 기묘한 현상이다. 이것을 물의 흐름으로 바꿔 놓아 보자. 커다란 도넛 모양의 도수관이 수평으로 놓여 있고 그 속에 물이 가득히 채워져 있다고 생각한다. 어떤 방법으로 관 안의 물을 어느 방향으로 흘려보낸다. 물이 이상적인 유체이고 또 물의 운동에 대해 도수관의 저항이 전혀 없다고 하면, 일단 유동하기 시작한 물은 머물 줄 모르고 언제까지고 도넛관 속을 뱅글뱅글 같은 방향으로 계속하여 돌아다닐 것이다. 전류의 경우도, 만약 전기저항이 완전히 제로인 도체가 있다면 물과 같은 일을 할 수 있을 것이다. 이 도체로 고리 모양의 전류의 통로를 만들고, 먼저 전원을 접속하여 전류를 흘려보낸다. 그 뒤

〈사진 4-8〉 4메가줄-펄스 초전도 마그넷

는 전원을 끊어도 전류는 원형의 전로(電路) 속을 언제까지고
계속해 흐를 것이다.

전기저항이 제로가 되는 현상을 "초전도(超電導)"라고 부른다.
그것을 발견한 사람은 네덜란드의 온네스(H. K. Onnes)라는 학
자로 1911년의 일이었다. 처음에는 수은에 대해 발견되었는데,
후에는 많은 금속원소와 합금에 대해서도 초전도현상이 발견되
었다.

그렇다면 그와 같은 금속이나 합금에서 초전도장치를 자꾸 만
들어 이용하면 되지 않겠느냐고 누구나가 생각할 것이다. 그러나
그리 간단하게 되지 않는다. 매우 어려운 문제가 몇 가지 있다.

초전도상태로 되기 쉬운 재료와 되기 어려운 재료가 있는데,
공통적으로 말할 수 있는 것은 초전도상태로 해 두기 위해서는
-273℃에 가까운 극저온이 필요하다는 점이다. 이를테면 액체
헬륨 속에 장치를 완전히 담가 두지 않으면 안 된다.

액체인 헬륨은 증발하기 때문에 그것을 다시 액상으로 되돌

리기 위해서는 냉동기를 운전해야 한다. 그러므로 코일에 전원을 접속하여 전기에너지를 부어 넣을 필요는 없어도 냉각을 위해 어느 정도의 에너지는 끊임없이 필요하다.

그러나 전기저항이 제로이기 때문에, 큰 전류를 계속적으로 흘려 놓을 수 있다는 장점은 매우 크다. 물리학자들만의 문제였던 초전도현상이 바야흐로 기술의 진보로써 실용화에의 길을 트려 하고 있다. 이 응용면에서 선두 역할을 하고 있는 것이 초전도자석이다. 큰 전류를 활용하여 처음에 말한 것과 같은 초강력 자석이 실현되었다. 그리고 이 초전도자석을 이용하여 7장에서 설명하는 것과 같은 더욱 새로운 응용의 길이 열리려 하고 있다.

거울을 접근시키면 뱅글뱅글 돌면서 달아나는 댄서

5장
자기와 전기

1. 코일과 자기력선

코일에서 나오는 자기력선

자기력선에 대해서는 자석 학교의 1학년 과정에서 공부했다. 잠깐 복습하기로 하자. 광원에서부터 빛이 사방으로 나가듯이 자기력선은 자석의 극에서부터 나갔다. 자기력선이 빛의 경우와 다른 것은 계속해 나가기만 하는 것이 아니라 자석의 N극으로부터 나가 S극으로 들어오는 일이다. 또 자기력선은 빛이 통과하지 못하는 종이나 판자 또는 구리나 알루미늄에서도 통과한다.

자기력선이 자석으로부터 뿐만 아니라 전류가 흐르고 있는 코일로부터도 자석과 같은 형상으로 나간다는 것도 알았다. 이 코일로부터 나가는 자기력선에 대해 좀 더 생각해 보기로 하자.

코일로부터 자기력선이 나간다고 하면 코일의 N-S극은 어떻게 알 수 있을까? N와 S를 알고 있는 자석을 접근시키면 구별할 수 있다. 그때 코일로 흘려보내는 전류의 방향을 바꾸어 보자. 코일의 전류방향이 반대가 되면 N극과 S극도 뒤바뀌어질 것이다.

지금 코일을 책상 위에 뉘인 형상으로 두고, 코일의 끝 쪽에서 보아 시계 방향으로 감겨 있다고 하자. 그 끝에서부터 전류를 흘려서 조사하면 거기가 S극으로 되어 있는 것을 알게 된다. 코일의 반대쪽을 조사하면 물론 N극으로 되어 있다.

전류를 흘려보내는 방법을 반대로 하면 코일의 N와 S는 당연히 S와 N으로 바뀐다.

이와 같은 결과를 알면 코일의 N-S를 아는 데는 그때마다

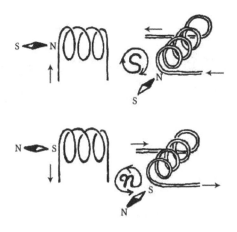

〈그림 5-1〉 전류의 방향과 자기력선

자침을 가져올 필요가 없다. 코일이 감기는 방법이 시계방향이
냐, 그 반대 방향이냐는 것과 전류의 방향을 알면 판단할 수
있다.

그 판단방법의 한 예를 〈그림 5-1〉에 보였다. 이것으로 자기
력선이 코일의 어느 쪽에서부터 나와 어느 쪽으로 들어가는지
를 알 수 있다.

이렇게 하여 코일의 주위에도 자석의 경우와 같은 자기력선
이 발생하고 있는 것을 알 수 있다.

곧은 도선과 자기력선

코일이 만드는 자기력선으로부터 출발하여 곧은 한 가닥의
도선은 어떤 자기력선을 만드는지 생각해 보자.

앞에서 조사한 코일은 그 축방향으로 도선이 몇 번이나 감겨
있었다. 이 감는 수가 점점 적어지면 자기력선은 어떻게 되어

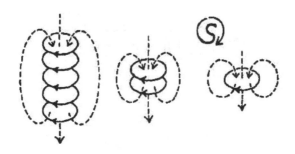

〈그림 5-2〉 코일을 감은 수와 자기력선

갈까? 감는 수가 확 줄어들어 단 한 번이 되면 자기력선이 어
떻게 되리라고 생각하는가?

이 경우, 감는 수가 한 번뿐이라도 코일임에는 틀림없기 때
문에 전류를 흘려보내면 자석이 될 것이다. 종이면에 원을 그
려 이것이 한 번만 감긴 코일이라고 하자. 이 코일에 시계방향
으로 전류를 흘려보냈다고 하면, 이 코일의 위쪽(종이의 표면)은
S극, 코일의 아래쪽(종이 뒷면)은 N극이 된다.

자기력선은 이 N극쪽에서부터 나가 코일의 바깥쪽을 빙 둘
러서 S극으로 들어간다.

이것은 도선을 따라 전류가 흐르는 방향으로 오른나사를 비
틀면서 진행시키고 있는 것과 같은 느낌이다. 자기력선은 오른
나사를 전류방향으로 향해 비틀어 돌리고 있는 형상으로 발생
한다고 생각하면 알기 쉽다.

그러면 곧은 도선에 전류를 흘려보냈을 경우 자기력선은 어
떻게 될까? 이것은 한 번을 감은 코일에 대한 것을 잘 이해하
고 있다면 알 수 있을 것이다.

곧은 도선이란 한 번이 감긴 코일을 똑바로 늘여놓은 것이라

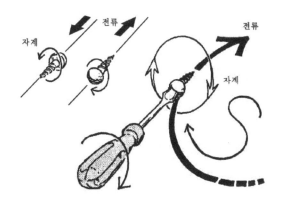

〈그림 5-3〉 곧은 도선의 자기력선

고 생각해도 되고, 매우 큰 한 번감이 코일의 일부라고 생각해
도 될 것이다. 이 도선을 흐르는 전류에 오른나사의 사고방식
을 적용시키면 금방 알 수 있다.

간단한 실험을 하여 확인해 보기로 하자.

전기상이나 모형가게에서 1.5V용 파일로트램프와 그것의 소
켓을 구입한다. 도선이 붙여져 있는 소켓이라면 자신이 납땜질
등을 하지 않아도 바로 실험을 할 수 있다. 나머지는 어느 집
에도 있는 건전지 1개와 방위자침이 있으면 된다.

파일로트램프에서 나온 전선의 한 쪽을 자침 위에서 그것과
평행이 되게 두고 파일로트램프를 켠다. 전류가 약하기 때문에
진동상태는 약하더라도 자침이 진동하는 것은 잘 알 수 있다.
흔들리는 방향도 오른나사로써 생각하는 방향이 되어 있을 것
이다.

알고 있는 것 같은 일이라도 가능한 일은 실험을 하여 확인
하는 습관을 갖도록 권해 둔다.

2. 전자기 유도에 의한 전류의 발생

패러데이의 전자기 유도

코일에 자석을 끼워 넣거나 뽑아내거나 하면 그때마다 코일
에 전류가 흐른다. 이것을 전류가 유도되었다고 하고, 이 현상
을 "전자기 유도(電磁氣誘導)"라고 한다. 이것은 1831년에 영국
의 패러데이(M. Faraday)가 발견한 현상으로 발전의 기본이 되
는 대발견이었다.

자석을 움직이면 전류가 발생하는 것이다. 자기력선이 없었던
곳에 자기력선을 통과시키거나, 또는 그 반대로 전부터 있던 자
기력선을 없애 버리는 변화에 의해 전류가 발생하는 것이다.

자석을 코일에 넣었다 뺐다 하는 것은 이와 같은 변화를 일
으키고 있다.

좀 더 그 내용을 직선적으로 표현하면 「코일을 통과하는 자
기력선의 수를 변화시키면 그 코일에 전류가 유도된다」고 하게
된다.

문제는 자기력선이기 때문에, 그것을 내는 근원으로는 자석
대신 전자석이라도 상관없다.

이렇게 하여 전류를 발생시킨다는 것은 알았지만, 이 전류가
어느 방향으로 유도되느냐는 것은 아직 설명하지 않았다. 그것
에 대해 설명하겠다.

코일을 관통하는 자기력선의 수가 변화할 경우, 이 변화를
방해하듯이 전류가 코일에 유도된다. 좀 다른 표현으로 말한다
면, 코일을 관통하고 있는 자기력선은 그 수를 바꾸고 싶어 하
지 않는 것이다. 자기력선의 이 소망을 들어줄 만한 방향으로

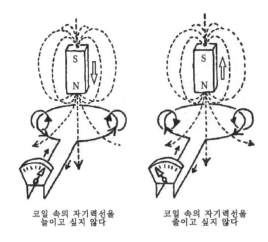

코일 속의 자기력선을   코일 속의 자기력선을
늘이고 싶지 않다   줄이고 싶지 않다

〈그림 5-4〉 자석을 코일에 넣었다 뺐다 하면

전류가 유도되는 것이다.

이와 비슷한 일은 일상생활에서도 자주 일어나고 있다. 운동량은 변화하고 싶어 하지 않는 것이라고 말할 수 있다. 운동량이란 움직이고 있는 물체의 질량과 속도를 곱한 값이다. 전차가 갑자기 움직이기 시작하면 타고 있던 사람은 정지 상태를 바꾸고 싶어 하지 않기 때문에, 발은 어쩔 수 없이 마룻바닥과 함께 진행하려 하지만, 상체는 그대로 남아 뒤로 쓰러지게 된다. 달려가고 있던 전차가 급정거를 하면 반대 현상이 일어난다.

자기력선이 증가하려 하면 반대방향의 자기력선이 새로 생겨, 증가하려는 자기력선을 지워 주었으면 한다. 그러기 위해서는 어떻게 되어야 할까?

자기력선을 새로 생기게 하려면 코일에 전류가 흘러야 한다. 전류의 방향에 따라 코일의 안쪽에서는 자기력선이 다른 방향을 향해 발생한다.

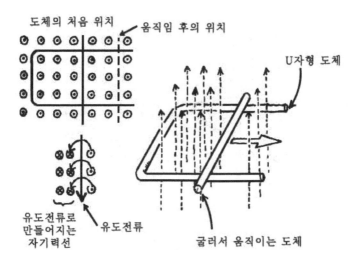

〈그림 5-5〉 U자형 도체 위를 구르는 도체

코일 속의 자기력선을 증가시키고 싶으냐, 줄이고 싶으냐 그 요구에 따르는 방향으로 유도전류가 코일을 흘러주는 것이다.

다시 한 번 〈그림 5-4〉를 잘 살펴보자. 이것으로 충분히 이해가 되었으리라 생각하지만, 이 전자기 유도라는 현상은 매우 중요한 것이기 때문에 다른 표현으로 거듭 설명하겠다.

플레밍의 오른손의 법칙

〈그림 5-5〉를 보자. 자기력선이 균일하게 분포해 있는 곳에 U자형의 도체가, 그 도체 위에 다른 가느다란 둥근 막대모양의 도체가 뉘어져 있다. 이 도체와 U자형의 도체는 「ㅁ」자 모양의 한 번감이 코일을 형성하고 있다.

도체의 막대가 오른쪽으로 굴러가면 어떻게 될까? 「ㅁ」자의 코일 속을 관통하고 있던 자기력선의 수가 증가하게 된다. 이

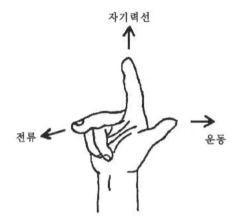

〈그림 5-6〉 플레밍의 오른손법칙

것과는 반대로 증가하지 않게 하려면 이 코일을 위에서부터 보아 시계방향으로 전류가 유도되는 것이라면 되지 않겠는가.

도체가 좌로 굴러 가면 전류가 반시계방향으로 유도되는 것은 말할 나위도 없다.

전류가 유도되는 방향은 이렇게 하여 확실히 알 수 있지만, 알기까지는 꽤나 시간이 필요하다.

그 결론만 알겠다면 좋은 방법이 있다.

오른손의 엄지, 인지와 중지를 〈그림 5-6〉과 같이 각각 직각이 되게 뻗는다. 먼저 그 인지를 자기력선의 방향으로 돌리고, 엄지를 도체가 움직이는 방향에 맞춘다. 그렇게 하면 중지가 전류의 방향을 바로 가리킨다. 아주 간단하다.

이것을 고안한 사람의 이름을 따서 "플레밍(J. A. Fleming)의 오른손의 법칙"이라 부른다.

여기서 특히 주의할 점이 있다. 그것은 법칙이 있기 때문에 그것에 좇아 현상이 일어나는 것이 아니라는 점이다. 거기서 일어나고 있는 현상을 잘 정리해보니 간단한 「문장」으로 표현할 수 있었다는 것이다. 그것을 「법칙」이라 말하고 있다.

표현을 달리하면, 어떤 현상을 생각하기 위한 「사고방식」을 「법칙」이라는 형태로써 가리키고 있다고 해도 될 것이다. 「처음에 현상이 있었느니라」고 말할 수 있다.

3. 전자기력의 발생

자기력선의 성질

본론으로 들어가기 전에 자기력선의 재미있는 성질을 알아두면 편리하기 때문에 그것을 설명하겠다.

자기력선은 자석 학교 이래 몇 번이나 등장하고 있지만, 쇳가루를 써서 실험한 것과 같은 선은 왜 생길까? N극에서부터 S극으로 향하는(것이라고 약속했다) 활처럼 휜 곡선이 어째서 생기느냐는 것이다. 자석 학교 1학년 과정의 「자기력선을 관찰한다」를 복습하며 설명하겠다.

이것은 알갱이 하나하나의 쇳가루가 자화되어 작은 자석이 됨으로써 서로 연결되어 있기 때문이다. 마치 바늘이나 못이 차례로 이어져서 자석에 부착되는 것과 같다. 바늘이나 못은 형상이 크기 때문에 N-S극 사이에서 연결되어도 깨끗한 곡선 모양으로는 되지 않는다. 쇳가루와 같은 작은 입자라면 앞에서 실험한 것처럼 활 모양으로 휘어져 연결된다.

각 입자의 N-S극이 연달아 이어져서 선 모양이 되기 때문

〈그림 5-7〉 자기력선의 성질

에, 그 선의 양단에서 지석에 달라붙어 있는 곳은 N와 S로 되어 있다. 한 가닥의 선으로 보이는 것은 한 가닥의 길쭉한 자석이라 생각하면 된다.

이렇게 한 줄로 연결되어 있는 수많은 작은 자석은 서로 끌어당기고 있다. 그러므로 이들은 늘여 놓은 고무끈처럼 스스로 수축하려 한다.

이웃에 있는 길쭉한 자석의 행렬은 어느 쪽도 같은 방향을 향하고 있는 자석이므로 서로 반발할 것이다.

결론을 내리자면, 자기력선은 스스로 수축하려는 경향을 가지며, 자기력선끼리는 서로 반발하는 성질이 있다.

플레밍의 왼손의 법칙

서두가 길어졌는데, 이제부터가 본론이다.

지금 자기력선이 이 종이면 위의 앞쪽에서부터 저편을 향해 균일한 밀도로 평행하게 배열해 있다고 하자. 종이면에 수직으

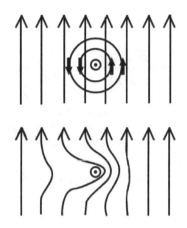

〈그림 5-8〉 균일한 자계 속의 도선에 전류를 흘려보내면

로 도선을 관통시키고 여기에 종이 뒤에서부터 표면 쪽을 향하는 방향으로 전류를 흘려보낸다. 어떤 일이 일어날까?

도선의 주위에는 물론 자계가 형성된다. 자기력선으로 말하면, 도선을 둘러싸고 종이면 위에서 반시계방향으로 도는 원형의 자기력선이 몇 개나 생긴다. 도선의 오른쪽과 왼쪽에서는 자기력선의 방향이 반대로 되어 있다. 도선의 오른쪽에서는 처음부터 있었던 자기력선에 새로 자기력선이 플러스되어 증가하고, 도선의 왼쪽에서는 반대로 전부터 있던 자기력선이 줄어들게 된다.

즉 도선의 오른쪽에서는 자기력선의 밀도가 증대하고 왼쪽에서는 밀도가 줄어들게 된다. 그림으로 나타내면, 도선의 오른쪽에서는 자기력선이 몰리게 되고 도선의 왼쪽에서는 그만큼 성글게 된다(〈그림 5-8〉 참조).

자, 그러면 여기서 처음에 언급했던 자기력선의 두 가지 성

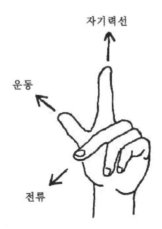

자기력선

운동

전류

〈그림 5-9〉 플레밍의 왼손법칙

질을 적용시켜 보자.

자기력선이 빽빽하게 밀집해 있는 곳에서는 이웃끼리의 반발력이 강하게 작용할 것이다. 또 자기 자신이 수축하려는 힘은 자기력선이 뻗어있는 곳에서 강해질 것이다. 이 두 힘은 어느 쪽도 다 전류의 흐름을 왼쪽으로 밀어내려 한다.

이와 같은 현상을 「자계와 전류가 서로 작용하여 전자기력이 발생했다」고 말한다.

이 경우에도 앞의 전자기 유도에 의한 전류의 발생과 마찬가지로 플레밍의 법칙을 응용할 수 있다. 다만 이번에는 오른손이 아니라 「왼손의 법칙」이 되는 것에 주의해야 한다.

왼손의 세 손가락을 앞처럼 서로 직각으로 벌리고, 인지를 자기력선, 중지를 전류의 방향으로 돌리면 엄지가 운동의 방향을 가리킨다.

전류를 흘리면 운동이 일어나기 때문에, 이것은 전기에너지를 회전이라고 하는 운동에너지로 바꾸는 모터의 원리에 해당한다.

4. 자기와 전기

자기와 전기의 차이

그런데 자기란 무엇이냐? 전기란 무엇이냐? 하는 질문을 받게 되면 쉽게 대답할 수가 없다. 그러나 우리 주변에 있는 자석은 「자기를 띠고 있기 때문에 쇠를 부착한다. 자기란 그런 것이다」라고 하면 무엇인지 알 듯 한 느낌이 든다. 그리고 자석의 양단에는 N극과 S극이 있다는 것, 같은 극끼리는 반발하고 다른 극끼리는 당긴다는 것 등이 잘 알려져 있다. 우리도 실험으로 확인했었다.

전기, 정확하게는 정전기(靜電氣)인 경우에도 플러스와 마이너스 두 종류가 있고, 그들 사이의 인력과 반발은 자기의 경우와 마찬가지로 생각하면 된다는 것이 알려져 있다.

이 정도만 살펴보아도 전기와 자기는 아주 흡사하다. 그러나 무척 다른 점이 있다. 전기에서는 플러스와 마이너스 전기가 쌍으로, 또 따로따로도 존재한다. 그런데 자기의 경우 N극과 S극은 우리가 알고 있는 한은 언제나 쌍을 이루고 있으며 결코 단독으로는 존재하지 않는다.

N극과 S극이 단독으로도 존재하는 것이 아닐까 하는 것은 특히 물리학자의 흥미를 끌어온 문제이다. 이 단독의 자극을 자기단극자(磁氣單極子, Monopol)라고 부르는데, 실제로는 아직

발견되지 않았다.

학자들이 혈안이 되어 찾고 있는 모노폴은 아마추어가 생각하는 것과 같은 N극만, S극만의 눈이 하나뿐인 자석의 도깨비 같은 것과는 다르다. 철을 부착하는 자석의 한 무리라고 할 수는 없는 것이다.

모노폴을 알기 쉽도록 간략하게 설명하기란 어려운 일일뿐더러 이 책의 목적도 아니다.

더 자세한 것을 알고 싶은 사람은 『모노폴』이란 책을 참고하면 좋을 것이다(역자 주: 한국에서는 아직 번역되지 않았다).

기자력과 자속

그럼 본론으로 들어가 전기와 자기를 비교하며 살펴보기로 하자.

우선 전기라고 하면 전류나 전압 등의 말이 머리에 떠오를 것이다. 이 전류를 흐르게 하는 원동력이 되는 것이 전압이다. 전기적인 압력으로 전기를 밀어내는 힘이다. 건전지로부터 흘러나간 전류가 파일로트램프에 불을 켠다. 이것이 전혀 빛을 내지 않거나 어두워지거나 하면, 「전지가 없어졌다」니 「전압이 떨어졌다」느니 하고 말한다. 이 전류를 흘려보내는 원동력이 되는 것을 「기전력(起電力, 전압)」이라 부른다.

전압과 전류는 〈그림 5-10〉과 같이 직선관계로 되어 있다. 전압이 2배가 되면 전류도 2배로 된다. 익히 아는 "옴의 법칙"이다.

자석의 경우는 "기자력(起磁力)"이라는 것을 생각한다. 기전력보다는 약간 알기 힘들 수도 있겠지만 최대한 쉽게 설명해 보

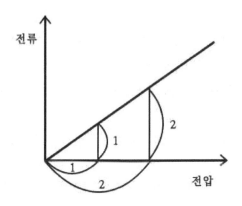

〈그림 5-10〉 전압과 전류의 관계

겠다.

자석의 성질을 나타내는 데에 〈그림 5-11〉과 같은 감자곡선
이 사용된다는 것을 이미 설명했었다. 영구자석에서는 외부로
부터 자계가 가해지는 일이 없이 자기 자신이 만드는 자계로써
여러 가지 일을 해야 한다. 이 자계가 앞에서 말한 감자력(減磁
力)의 근원이며 기자력에 해당한다. 이것이 원동력이 되어 자기
력선을 밀어내는 것이다. 다만 그것을 자류(磁流)라고는 부르지
않는다. 전류에 해당하는 것은 앞에서 말한 자기력선이고, 자기
력선의 다발을 자속(磁束)이라 한다. 그것이 자극의 단위면적(1
㎠)에서부터 얼마만큼 나오고 있느냐를 가리키는 것이 자속밀도
(B)이다. 자석으로부터 나오는 자속의 총량은 B의 값에 자극면
적(A)을 곱한 값(B×A)이 된다. 이것이 전기의 경우에는 도선
내를 흐르는 전류에 해당하는 셈이다. 전기의 전압-전류의 관
계는 직선으로 나타내어지고 있었으나, 자기의 경우 H-S의 관
계는 직선이 아니다. 곡선이다. 기자력(자계 H)이 어느 값일 때,

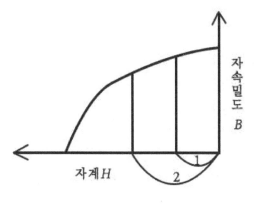

<그림 5-11> 감자곡선

자속밀도가 얼마만큼으로 되느냐 하는 것은 이 곡선으로부터 찾아야 한다. 이것이 자기가 전기보다 까다롭다고 하는 점이다. 그러나 그것은 그렇다고 치고 자계 H와 자속밀도 B의 관계를 전압 V와 전류 I의 관계에 견주어서 알아주었으면 한다.

자로란?

전기라는 말을 들으면 전선이나 전기코드를 떠올리는 사람도 있을 것이다. 확실히 이런 것들이 없으면 필요한 장소까지 전기를 전할 수가 없다. 전기는 가느다란 선일지라도 멀리까지 전달할 수 있기 때문에 매우 편리하게 사용되고 있다.

자기의 경우는 어떨까? 전기에서는 동선 등을 도전선(導電線)이라 하고, 구리 등은 전기의 도체라고 불린다. 자기에서도 이 도체에 해당하는 것이 있다. 쇠처럼 자석에 부착되는 금속(자성체)이 그것이다. 자극으로부터 나간 자속을 자기의 도체에 해당하는 철을 통해서 필요한 곳까지 이끌어 준다. 이것을 "자로(磁

路)"라고 한다. 전기회로라는 말에 대응하여 자기회로라는 말도 있다.

이와 같이 도체를 사용하여 전기도 자기도 다른 곳으로 전도 되는데 양자 사이에는 큰 차이가 있다. 그것은 저항(抵抗)이다. 전기저항은 잘 알고 있을 것이다. 저항을 R이라 하면 전압 K와 전류 I와의 관계가 V=R•I로써 나타내진다고 하는 바로 그 저항이다. 동선의 저항에 비해 공기의 저항은 무한대라고 해도 된다. 그래서 공기는 전기의 절연체라고 일컬어진다. 그 때문에 나동선(採銅線)을 써서 전기를 유도해도 전기는 동선만을 통하고 공기 속으로는 새어 나가지 않는다. 즉 전지의 (+), (-)단자가 드러나 있어도 그 사이에는 전기가 흐르지 않는 것이다.

자기에서는 그렇게는 안 된다. 자기에 대한 저항이라 할 만 한 것은, 공기와 자로의 재료로는 보통 1,000:1 정도의 차이밖 에 없다. 이 때문에 자속은 자로 속뿐만 아니라 반드시 얼마쯤 은 공기 속으로 번져 나간다. 공기도 일종의 자로라고 할 수 있다.

이와 같이 다루기 힘든 점이 있기는 해도, 자기의 경우에도 전기회로와 비슷한 회로를 만들 수가 있다. 전지에 해당하는 자석으로부터 그 자기적인 압력으로 자속이 자로에 흐르는 것 이다. 조금씩 자로 밖으로 새어 나가면서 말이다.

자석과 전지의 비교

또 하나, 자석과 전지를 비교한 예를 들어보겠다.

고저항 부분에 전류를 흘려보내려면 데는 고전압이 필요하 다. 전지를 사용하여 고전압을 내는 데는 적층건전지(積層乾電池)

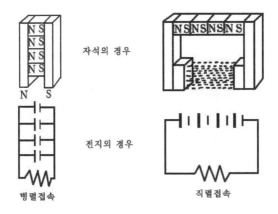

자석의 경우

전지의 경우

병렬접속

직렬접속

〈그림 5-12〉 직렬접속과 병렬접속

등의 편리한 방법이 있다. 이것은 1.5V의 전지를 몇 개나 세로, 즉 직렬로 접속한 구조로 되어 있다.

자석의 경우는 어떻게 생각하면 될까? 자기저항이 높다는 것은 자로 앞 끝에 있는 극과 극의 관계가 넓다는 것이다. 거기에 자속을 통과시키는 데는 자석을 역시 직렬로 접속한다. 바꿔 말하면 긴 자석을 사용한다는 것이다.

큰 전류를 흘려보내는 데는 전지를 몇 개나 가로로 배열하여 병렬로 접속하면 된다. 반면에 자속을 많이 통과시키는 데는 자석을 병렬로, 바꿔 말해서 자극 면적이 넓은 자석을 사용하면 될 것이다.

자극의 면적을 크게 하여 거기서부터 나가는 많은 자속을, 단면적은 작더라도 자기저항이 적은 재료로 만든 자로를 통해 필요한 장소로 유도하면 된다.

이렇게 생각하면 앞에서 말한 평편한 자석에 대한 이해도 깊어질 것이다. 평편이란 길이가 짧고 단면적이 크다는 것을 말

전기	자기
기전력(전압)	기자력
전류(전류밀도)	자속(자속밀도)
(전기)저항	자기저항
(전)도체	자성체

한다. 기자력이 본래 큰 자석을 사용하면 그 길이는 짧게 할
수 있다. 그리고 단면적만 확대시키면 필요한 만큼의 자속량을
얻을 수 있다.

페라이트자석에 모자를 씌운 것과 같은 마그넷 압정이 그 좋
은 보기이다. 또 뒤에서 나오는 스피커에서도 이 실례를 볼 수
있다. 금속자석과 페라이트자석으로는 전혀 다른 사용방법을
취하고 있다. 금속자석은 단면이 작고 길이를 크게, 페라이트자
석은 단면을 크게 길이를 짧게 하여 사용하고 있다.

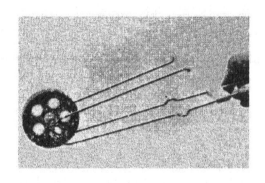

균형을 잘 취하면 레일 상하를 계속해 구르는 자석차

6장
자석의 이용

1. 전자기 유도와 전자기력의 발생에 대한 자석의 응용

자석의 중요한 용도로는 전자기 유도와 전자기력의 발생, 즉 전력과 동력의 발생이 있다. 이 밖에 자석 본래의 원시적인 사용방법이라 할 인력과 반발력의 이용이 있다. 이것을 원시적이라고 말했으나, 그것이 최근에는 아주 새로운 방법으로 이용되고 있다. 이런 것들을 차례로 살펴보겠다.

전자기 유도(발전기의 원리)를 이용

① 자전거의 램프용 발전기

요즘의 자전거에는 모두 램프용 소형 발전기가 붙어 있다. 거리나 가게 앞에 세워 둔 자전거에도 모두 달려 있다. 눈에는 잘 안 띄지만, 모터바이크에도 마그네토라 불리는 발전기가 붙어 있다. 엔진을 가동하는 데는 없어서는 안 될 장치다. 물론 자동차에도 있다.

이들 발전기에는 거의 모두 페라이트자석이 사용되고 있다. 여기서는 대표적인 예로서 자전거용 발전기를 살펴보자.

그 구조를 〈사진 6-1〉에 보였다. 타이어의 회전에 의해 자석이 돌아가게 되어 있다. 회전자석의 바깥쪽에는 코일을 감은 철심의 다리가 뻗어 나와 자로(磁路)를 형성하고 있다.

자석이 회전하면 그것에서부터 나와 있는 자기력선이 자로 속으로 유도되어 코일 속에서 늘어났다 줄었다 한다. 그 때문에 전자기 유도현상으로 코일 속에 전류가 유도된다.

자석은 진동이 심한 곳에서 사용되기 때문에 보자력이 높은

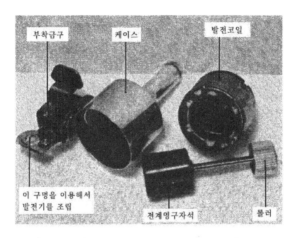

부착금구   케이스   발전코일

이 구멍을 이용해서
발전기를 조립

전계영구자석   롤러

〈사진 6-1〉 자전거 램프용 발전기를 분해한 장면

것이 아니면 금방 약해져 버린다. 본래는 금속자석이 사용되고
있었으나 1950년대 후반쯤부터는 보자력이 높고 값도 싼 페라
이트자석으로 바뀌었다.

② 회전 센서로서의 자석

오토바이용 발전기인 마그네토에서는 코일이 움직이지 않고
자석이 회전한다. 이것은 앞에서 말한 자전거용과 같다. 그러나
자석과 코일의 위치가 반대로 되어 있다.

코일은 바닥판에 고정된 철심에 감겨 있다. 회전하는 중심축
은 앞이 우산처럼 벌어지고, 그 벌어진 바깥 둘레 부분에 페라
이트자석이 붙여져 있다고 생각하면 될 것이다.

마그네토는 이와 같이 별난 구조를 하고 있는데 그 밖에도
자석은 흥미롭게 사용되고 있다.

그것은 페라이트자석이 장착된 회전부분이 1회전 할 때마다

〈사진 6-2〉 오토바이의 마그넷 구조

이것을 검출하여 알려주는 장치다. 그 때문에 작고 강력한 란타넘계열 금속자석이 센서마그넷으로서 회전부분의 바깥쪽 한 군데에 장치되어 있다. 그것과 작은 간격을 두고 자심(磁心)에 코일을 감은 센서코일이 놓여 있다. 센서 마그넷이 센서코일의 바로 위를 통과하면, 그 순간 코일에 전류가 유도되어 목적하는 엔진 점화의 제어용으로 활용된다.

③ 마이크로폰
자전거의 발전기를 말하다가 난데없이 별난 것이 등장한 느낌이 들 것이다. 그러나 이것도 소리(진동이라고 하는 기계적 에너지)를 전기로 바꾼다는 기능을 생각하면 발전기라고 할 수 있다.
다이나믹형이니 무빙코일형이니 하고 불리는 마이크를 예로 들어 그 구조를 〈그림 6-3〉에 보였다.
얇은 알루미늄판 등으로 만들어진 진동판이 음파를 받아 진

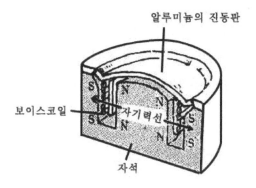

〈그림 6-3〉 다이나믹형 마이크로폰

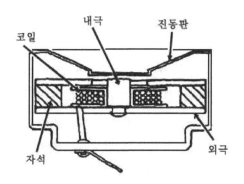

〈그림 6-4〉 미니푸시의 송수화기

동하면, 그 가장자리에 붙어 있는 코일이 진동한다. 코일은 영구자석의 자기력선이 통과하고 있는 좁은 틈새에 놓여 있다. 이것이 진동하면 자기력선을 끊기 때문에 발전기와 같은 이치로 전기가 일어난다.

전화기의 마이크(송화기)에서는 탄소 입자 사이의 전기저항 변화에 의해 음성을 전류로 변환하는 것이 주류이다. 그러나 이것에도 전자기 유도식이 등장했다.

일반 가정용 "미니푸시"라는 전화의 송화기가 그것이다. 〈그림 6-4〉에 보인 것과 같은 구조의 유니트를 하고 있어, 〈그림 6-3〉의 마이크로폰으로서도 이 유니트가 그대로 사용된다. 즉 손에 쥐고 쓰는 송수화기의 양단에는 꼭 같은 유니트가 들어 있어 송수화가 되는 것이다.

이런 곳에서도 자석의 신보가 도움을 주고 있다.

전자기력의 발생(모터와 원리)을 이용

우리는 전자기 유도에 의해 전기에너지를 손에 넣게 되었다. 이번에는 이것을 사용하여 전자기력을 발생시켜 기계에너지로서 이용할 차례이다.

여기서는 어느 경우에도 자석(자기)이 주역을 하고 있다. 플레밍의 법칙에서도 오른손, 왼손을 가리지 않고 먼저 인지를 자기력선 방향으로 돌리는 데서부터 시작했었다.

한마디로 모터라고 하지만, 모형용의 소형 모터와 같이 뱅글뱅글 회전하는 것만은 아니다. 리니어 모터라든가 스테핑 모터가 그것에 해당한다. 이것들은 원리적으로도 다른 것이라고 보기 때문에 따로 다루기로 한다.

① 모형 모터

이쯤에서 간단한 실험을 하기로 하자. 모형용 소형 모터 2개, 그 축끼리를 접속하는 고무튜브, 파일럿 램프, 건전지를 준비하여, 그것들을 〈그림 6-5〉와 같이 연결한다.

모터를 회전시키면 파일럿 램프가 켜질 것이다. 이것으로 자

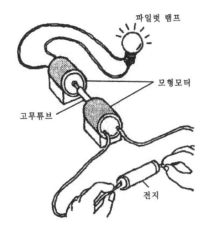

〈그림 6-5〉 모터가 발전기로 되는 실험

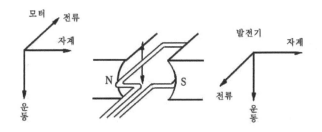

〈그림 6-6〉 모터와 발전기와 플레밍의 법칙

석식 모터가 그대로 발전기로 되는 것을 알았다.

〈그림 6-6〉과 같이 플레밍의 왼손 또는 오른손 법칙을 적용하면 그 이유가 분명해질 것이다.

② 자석식 모터의 대약진

모터는 이와 같이 예로부터 알고 있는 간단한 원리로 동작하는 것인데, 그 응용범위가 현재처럼 광범해진 것은 최근 20~ 30년 사이의 일일 것이다. 특히 소형 직류 모터를 응용한 제품 이 격증해 왔다. 초등학생 때부터 신세를 지고 있는 전동 연필 깎이, 성인의 남성에게 없어서는 안 될 전기면도기, 어린이에서 부터 어른까지 팔에는 손목시계, 젊은 사람에게는 휴대용 소형 테이프레코더로 온통 모터투성이다. 카메라에도 꽤나 사용되고 있나.

이들 소형 모터는 모두 자석식이며 전지로 움직이고 있다. 우수한 자석이 값싸게 만들어지게 되었고, 전지도 성능이나 가 격면에서 매우 진보했기 때문에 소형 모터가 오늘날의 모습까 지 성장했다고 할 수 있다.

소형 모터가 현재 얼마쯤이나 만들어지고 있는지 상상이 되 겠는가? 세계 제일의 생산량을 자랑하는 일본의 어느 메이커가 낸 「여러분 덕분에 30주년」이라는 신문광고를 살펴보자.

그 회사의 하루 모터 생산량은 150만 개이다. 소형 모터니까 작기는 하지만 이 하루 몫을 쌓아 올리면 지구 상공의 성층권 을 조금 더 넘어선다고 한다.

직류 모터는 처음에 든 예 말고도 자동차에서 많이 사용되고 있다. 자동차에서는 필요한 모터를 움직이는 데 배터리를 써야 한다. 따라서 자동차용 모터라고 하면 직류 모터이다.

엔진 시동용으로 사용하는 셀 모터(Cell Motor)라든가 스타터 모터라 불리는 모터가 있다는 것은 다 알고 있을 것이다. 이 밖에도 놀랄 만큼 많이 사용되고 있다. 자동차에 최소한으로 필요한 것은 시동용이지만, 앞창문의 와이퍼(Wiper)용 모터도 필수품일 것이다. 이것들 외에 40군데나 모터를 사용한다고 하

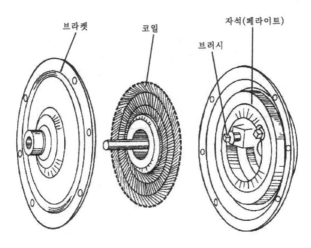

브라켓　　　　코일　　　　자석(페라이트)

브러시

〈그림 6-7〉 박형 모터의 구조

니까 자동차도 모터투성이라 할 수 있다.

이토록 모터의 응용이 넓어진 것은 좋은 자석 덕분이며, 모터가 소형으로 될 뿐만 아니라 편평한 형상의 것을 만들 수 있게 된 덕분이기도 하다.

보통 모터는 앞에서 든 모형모터가 기본형식이다. 이것에 대해 박형이니 디스크형이니 하고 불리는 모터가 개발되어 양산이 가능하게 되었다. 자동차처럼 한정된 좁은 공간에 모터를 짜 넣으려 할 때 이와 같은 박형이 얼마나 편리할 것인가는 말할 나위도 없을 것이다.

③ 스피커와 전화수화기

이것도 전자기력을 이용하는 장치인데, 보통의 모터처럼 회전시키는 것이 아니라 직선 모양으로 왕복 진동을 시키는 장치이다.

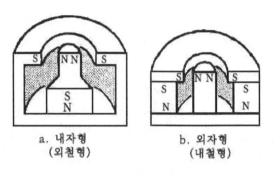

a. 내자형
(외철형)

b. 외자형
(내철형)

〈그림6-8〉 스피커의 내자형과 외자형

N-S극 사이에 있는 도선에 음성이나 음악에 해당하는 전류를 흘려서 그것에 상응하는 진동을 일으키는 것이다.

스피커에서는 자석의 사용법에 두 가지 형식이 있다. 그것은 자석으로 금속을 사용하느냐, 페라이트를 사용하느냐로 구조가 바뀌기 때문이다.

금속자석(MK자석)을 쓰는 형식에서는 〈그림 6-8〉의 a와 같은 구조를 취하고 있다. 그림으로 잘 알 수 있듯이 원기둥형의 자석이 계철(繼鐵)로 감싸여 있다. 이 형식의 스피커가 내자형(內磁型) 또는 외철형(外鐵型)이라 불리는 것은 그 구조에서 유래한다.

이것에 대해 페라이트자석을 사용하는 경우는 〈그림 6-8〉의 b와 같은 형식이 취해지고 있다. 페라이트자석은 금속 자석보다 같은 면적의 자극에서부터 내는 자기력선 수가 적기 때문에 자극의 면적을 크게 해야 한다. 그래서 마치 통째로 가로 자른 파인애플과 같은 자석의 모양을 하고 있다. 이것으로 자극의 면적을 크게 할 수 있을 것이다. 이래서 외자형 또는 내철형이

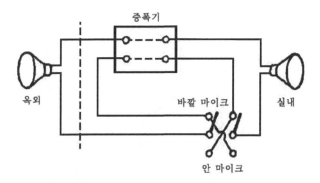

증폭기

옥외

바깥 마이크   실내

안 마이크

〈그림 6-9〉 인터폰의 송수화기

라 불리는 형식이 된 것이다.

페라이트를 사용한 스피커는 그 높이를 낮게 할 수 있기 때문에 소형 음향기기에 적합하다.

④ 마이크와 스피커, 전화의 송화기와 수화기에 공용

모형 모터가 발전기로도 된다는 것을 앞에서 실험했다. 이와 마찬가지로 마이크는 스피커로도 사용할 수 있고, 전화의 송화기와 수화기에는 같은 것을 사용할 수 있는 것이다.

여러분의 집에 있는 인터폰은 하나의 장치로써 어느 때는 마이크로, 어느 때는 스피커로 작용하게 되어 있다. 다만 옥외와 실내에서 동시에 마이크로 쓰려면 좋지 않기 때문에 전환장치가 있거나 그 밖에 간단한 증폭기를 넣어 서로 대화를 할 수 있게 하고 있다.

일반 가정용 전화기에서도 "미니푸시"라는 형식으로 송화와 수화에 동일 유니트가 사용되고 있다는 것은 앞에서 설명한대로다.

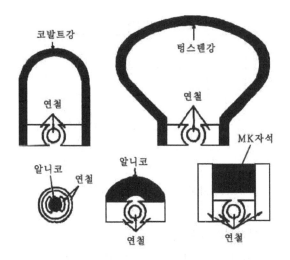

〈그림 6-10〉 가동코일형 계기의 소형화

⑤ 전기의 미터

이것에도 여러 종류가 있지만, 직류용 미터에는 대개 자석이 사용되고 있다.

전자기력에 의해 움직이지만, 빙빙 회전하는 운동을 이용하는 것이 아니기 때문에 그 점은 스피커와 비슷하다.

N-S극 사이에 도선이 있어 이것에 전류를 통과시키면 전자기력을 받는다. 일정한 자기력선이 있는 곳이라면 이 전자기력은 전류의 세기에 비례한다. 도선의 움직임으로 바늘이 흔들리게 해두면 전류를 측정할 수 있다.

자기력선이 일정하다면 하고 말했는데, 이것은 미터에 있어서 가장 중요한 일이다. 그것에 영구자석을 사용하는 데 편리함은 말할 나위도 없다. 그러나 영구자석이라도 온도가 바뀌거나 진동이 주어지면 자기력이 변화한다.

이것을 피하기 위해 온도에 대해서는, 그 변화에 의한 자기 변화를 지워버리게 하는 연구가 되어 있다. 진동에 견디기 위해서는 보자력이 높은 자석재료가 사용된다. 보자력이 낮은 재료이면 자석의 길이를 길게 해야 한다.

이것은 자석 재료의 진보(특히 보자력의 향상)에 의해 미터의 형상이 바뀌어 온 상태에서 잘 나타나 있다. 〈그림 6-10〉에서 사용되고 있는 자석(검은 부분)이 점점 짧아지고 있는 것을 볼 수 있을 것이다.

2. 마이크로파의 발생장치—마그네트론

모터나 마이크로폰에서는 전자기력으로 움직여지는 것이 도선이었다. 이 경우는 자기력선을 가로질러 도선 속으로 전류가 흘렀기 때문에 도선이 움직인 것이다. 도선이 없더라도 거기에 전류가 흐르고 있으면, 즉 전자(電子)의 흐름이 있으면 그 흐름이 움직이게 된다.

텔레비전의 브라운관에서는 안쪽에서부터 발사된 전자가 화면에 충돌하여 그곳을 빛나게 한다. 이 전자의 흐름 중간에는 그것과 수직으로 자계가 가해져 있다. 자계(자기력선)가 변화하면 전자가 흐르는 방향이 바뀌어 화상이 그려진다.

전자가 흐르는 방향과는 반대방향이 전류의 방향이므로 플레밍의 왼손 법칙을 써서 이것이 어느 쪽으로 움직여지는가를 알 수 있다.

마그네트론(Magnetron)이라는 진공관은 이 원리에 바탕하여 마이크로파를 발진한다.

마그네트론은 레이더의 발진관 등에 널리 이용되고 있는데 우리 주변에서도 그 이상으로 보급되어 있다. 그 모습은 직접 으로는 우리 눈에 보이지 않지만, 가정용 전자레인지에 수용되어 많은 가정에서 활약하고 있다.

전자레인지

마그네트론의 설명에 들어가기 전에 전자레인지에 대해 에피소드를 섞어가면서 가열(加熱)의 원리 등을 설명하겠다. 가정용 전자레인지가 처음 시판된 것은 1969년이었다. 그 무렵은 값이 무척 비싸서 웬만한 가정에서는 좀처럼 살 수 없는 사치품이었다. 이 기구의 동작원리도 모르면서 뽐내고 있었을 것이다.

이런 이야기가 있다. 귀여워하고 있던 고양이의 몸을 씻어준 다음, 빨리 말려 주려고 전자레인지 속에 가두어 놓고 데워 주었다고 한다. 고양이는 몸속의 온도가 자꾸 올라가 가엾은 결과가 되어 버렸단다.

이와 같은 거짓말 같은 이야기는 접어두고, 전자레인지의 용도는 그저 요리만 하는 것이 아니라 해동(解凍)이라든가 재가열 등 여러 가지로 확대되어 있다.

유도가열의 원리

전자레인지가 이와 같은 역할을 해주는 것은 어떤 이치일까? 레인지는 처음부터 끝까지 불씨 하나 없이도 물질을 가열한다. 이것은 전파, 그것도 텔레비전 방송에 사용되고 있는 것과 같은 파장이 짧은 마이크로파에 의해 유도가열(誘導加熱)된다.

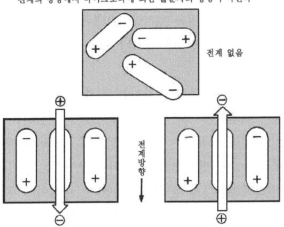

<그림 6-11> 물분자의 회전 원리

우리가 먹고 있는 음식물 속에는 반드시 수분이 함유되어 있다. 물의 분자가 산소원자 1개와 수소원자 2개로 이루어져 있다는 것은 잘 알고 있다. 유도가열이라는 것은 이 물분자를 전파로 운동하게 하여 열을 내게 하는 방법이다. 무수히 있는 물분자가 운동하기 시작하여 밀고 밀리면 열이 나올 법하지 않은가?

물분자를 잘 조사해 보면 수소원자는 플러스 1, 산소원자는 마이너스 2의 전기를 띠고 서로가 결합해 있다. 분자 전체의 전기는 +2와 -2이므로 제로이다. 물 자체는 전기를 띠고 있지 않은 것으로 보아도 당연한 일이다.

그런데 이 2개의 수소원자와 산소원자는 일직선으로 배열해 있는 것이 아니다. 이를테면 산소원자가 시계의 중심에 있다고 하면, 2개의 수소원자는 문자판의 Ⅳ시와 Ⅷ시 근처에 있다. 즉 마이너스전기가 위로, 플러스전기가 아래에 있는 것과 같다. 그래서 막대자석의 양단에 N와 S의 자극이 있듯이, 물분자를 막대자석이 아니라(이런 말은 없지만) 막대전기라고 생각하면, 그 양단에 플러스와 마이너스인 전기의 극이 나타나는 것을 알 수 있을 것이다.

자석의 경우 외부로부터 작용하는 자계의 방향이 바뀌면 자석의 방향이 바뀐다는 것은 이미 알고 있는 그대로다. 물 분자의 경우는 그것에 작용하는 전계의 방향이 바뀌면 분자의 방향이 바뀌게 된다. 이 전계가 전파에 의해 주어지는 것이다.

전자레인지에서는 1초 동안에 200만 번 이상이나 방향을 바꾸는 전계가 마이크로파에 의해 물분자에 작용한다. 무수히 있는 물분자가 1초 동안에 200만 번이나 진동하여, 서로 충돌하는 것이므로 큰 열이 발생한다. 더구나 이 열은 물 자신 속에서 발생하여 그대로 자신의 온도를 높이는데 활용되고 있다. 그러므로 전기에너지가 매우 효율적으로 직접 열에너지로 변환하는 것이다.

이것이 마이크로파 가열의 원리이다.

마그네트론

구조를 간단히 설명하면, 전기의 양극(陽極)이 되는 원 통과 그 중심축에 놓인 음극으로 되어 있고, 이 축과 평행하게 자계가 가해지게 되어 있다. 이 자계를 만드는 것은 페라이트자석이다.

자계(즉, 자기력선)는 종이면을 앞에서부터 뒤로 관통하는 방향이라고 가정한다. 음극에서부터 전자가 방출되어 바깥 둘레의 통모양의 양극으로 향할 때, 플레밍의 왼손 법칙을 적용하

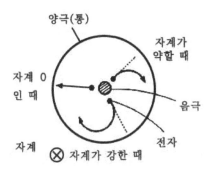

〈그림 6-12〉 마그네트론의 원리

면, 전자는 진행방향이 우로 구부러지도록 힘을 받는다. 이 구부리는 힘은 자계가 강해질수록 크게 될 것이다. 자계를 차츰 강하게 하면 전자의 흐름도 우로 향하는 진로변경이 차츰 심해진다. 자계가 어느 세기에 다다르면 전자는 양극통의 내면을 스치기만 할 뿐 양극으로 뛰어들 수가 없어 음극 쪽으로 되돌아오게 된다. 자계가 더욱 강해지면 전자는 결국 양극 주위를 특수한 곡선을 그리면서 뱅글뱅글 돌게 된다.

이 현상을 이용하면 마이크로파의 주파수로 진동하는 전력을 발생시킬 수 있다.

실용화되어 있는 전자레인지용 마그네트론은 초기에는 금속자석이 사용되었지만 지금은 대부분이 페라이트자석으로 바뀌었다. 이 자석은 양극통의 상하에 두어지고 통의 중심축에 평행하는 자계를 형성한다.

양극에서 발생한 마이크로파의 전력은 안테나 리드를 통해 레인지의 가열실 상부에 있는 출력안테나로부터 가열된 물질로 향해 방출된다.

이와 같이 전자레인지에서 주역을 담당하는 것은 마이크로파이다. 그 전파를 발생시키는 것이 마그네트론이며, 그 이름이 가리키듯이 이것은 마그넷(자석)이 있음으로써 비로소 활약할 수 있다. 여기서도 자석의 위력을 통감할 수 있다.

3. 전자기 유도와 전자기력의 동시 이용

와전류에 의한 제동작용의 응용

자기력선을 도선이 가로지르면 발전한다. 도선이 많이 평행으로 배열해 있고, 더구나 도선끼리 절연되어 있지 않다면 어떻게 될까? 이것은 금속판이 자기력선을 절단하는 것에 해당하여 역시 발전한다. 이 전자기유도에 의한 전류의 방향은 오른손 법칙으로 알 수 있다(〈그림 6-13〉의 a 참조). 이전류는 금속판 속에서 자기력선을 직각으로 자르듯이 흐른다.

자기력선을 전류가 가로지르면 전자기력이 작용한다. 이 힘의 방향은 왼손의 법칙으로 〈그림 6-13〉의 b와 같이 되는 것을 알 수 있다. 이것은 금속판을 회전시키고 있는 힘과는 반대방향이다. 즉 금속판의 회전에 제동을 거는 것이 된다.

이 현상은 관점을 달리할 수도 있다. 자기력선을 변화시키고 싶지 않다는 관점이다.

금속판에서 지금, 자기력선이 관통하고 있는 부분에서 금속판이 움직이면 자기력선이 감소한다. 이것을 줄이고 싶지 않기 때문에 b에서 하향 자기력선이 나와 주었으면 싶다. 이것은 즉 거기에 위에서부터 보아 시계방향으로 전류가 흐르는 것이 된다.

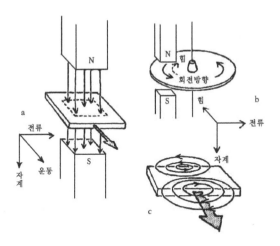

〈그림 6-13〉 자계와 금속판의 운동

〈사진 6-14〉 적산전력계의 원판과 자석

금속판에서 방금 생각한 부분의 뒤쪽에서는 이것과 반대 이
므로 반시계방향의 전류가 흐른다(〈그림 6-13〉의 c 참조).

어느 쪽이든 소용돌이모양의 전류이기 때문에 「와전류(渦電
流)」라 부른다. 그러므로 여기서 설명한 것은 와전류에 의한 제동작용이 된다.

여러분의 가정에 있는 적산전력계를 잘 살펴본 적이 있는지 모르겠다. 알루미늄으로 만든 듯한 원판이 천천히 돌아가고 있을 것이다. 그것을 입에 물다시피 한 꼴로 자석이 부착되어 있는 것을 알고 있는가? 이것이 와전류에서 제동장치 역할을 시키고 있는 한 예다.

알루미늄 깡통을 자석으로 선별

쓰레기 속으로부터 철분을 가려내는 일이 자석으로 가능한 것은 조금도 이상할 것이 없다. 아주 당연한 일이다.

그렇다면 알루미늄 깡통 등은 어떨까? 알루미늄은 자석에 부착하지 않는다. 비자성체이기 때문이다. 그런데 쓰레기 속으로부터 자석을 써서 알루미늄 깡통을 가려낼 수가 있다. 어떻게 할까?

와전류의 제동작용을 응용하여 알루미늄 깡통을 다른 쓰레기 등으로부터 가려내는 것이다. 쓰레기 속의 철 종류는 먼저 자석식 선별기로 제거해 둔다.

고무자석으로 만든 벨트가 수평으로 달려가고 있다고 생각하자. 벨트에는 N와 S의 자극이 번갈아가며 가로줄무늬 모양으로 배열되어 있다. 벨트 바로 위에는 기다란 선반이 있고 알루미늄 깡통이 가로방향으로 얹혀 있다면 어떻게 될까?

그저 가만히 얹혀 있을 뿐이라면 고무자석으로부터의 자기력선을 그대로 자르는 셈이다. 조금이라도 적게 잘려지게 하려면 어떻게 하면 될까? N-S극이 움직여 가는 방향으로 알루미늄 깡통이 이동하면 된다. 이동한 만큼 자기력선이 잘려지는 것이

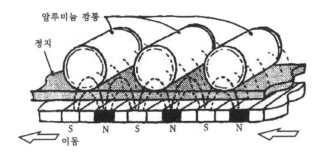

〈그림 6-15〉 알루미늄 깡통의 자석에 의한 선별

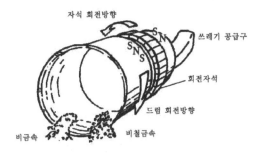

〈그림 6-16〉 알루미늄 등의 선별기 구조

줄어들기 때문이다.

드럼통(철제는 안 된다)을 수평과 근소한 각도로 뉘어 둔다. 그 바깥쪽에는 자석고리가 끼워져 있고, 자석고리에는 N-S극이 빙 둘러가며 번갈아 붙여져 있다. 〈그림 6-16〉이 그 장치이다.

드럼 통 속에 알루미늄 부스러기를 넣고, 바깥의 자석고리를 회전시키면, 속에 있는 알루미늄 부스러기는 자석고리의 회전 방향으로 미끄러져 갈 것이다.

이 드럼통 자체를 자석고리와는 반대방향으로 천천히 회전하게 한다. 드럼통에 알루미늄 부스러기가 섞인 쓰레기를 넣으면 어떻게 될까? 보통 쓰레기는 드럼통이 회전하는 쪽으로 위치를 옮겨 가고, 알루미늄 부스러기는 그 반대 방향으로 옮겨간다.

이렇게 하여 알루미늄 부스러기와 보통 쓰레기를 가려낼 수 있다. 알루미늄뿐만 아니라 구리 등 다른 금속도 같은 방법으로 선별할 수가 있다.

알루미늄은 귀중한 금속이다. 더구나 이것을 만드는 데는 대량의 전기를 소비한다. "전력을 잡아먹는 도깨비"라는 말을 듣는 까닭도 여기에 있다. 1962년경의 숫자이지만, 알루미늄 1톤을 만드는데 14,000kW•h의 전력이 필요하다. 이것은 도시의 가정 한 집의 6년분의 소비전력에 해당한다고 했다. 알루미늄과 같은 귀중한 자원도 자석의 힘으로 회수할 수 있다니 정말 감지덕지할 일이다.

4. 인력과 반발력의 이용

자석이라 하면, 누구라도 우선 부착이라든가 반발을 생각할 것이다. 이와 같은 힘을 이용하는 것은 자석의 가장 원시적인 응용이라고 생각된다. 그러나 간단히 쇠를 부착하는 것의 응용이라 해도 부착하는 것만으로 일이 끝나는 것은 아니다. 부착한 것을 떼어 놓아야 할 것이다. 부착력이 강하면 그만큼 떼어 놓기 어려워진다. 당연히 알고 있는 일이라도 실용화하게 된다면 여러 가지 연구가 필요하다.

자석의 인력과 반발력의 응용면에서도 이와 같은 원시적이라고 할 형태의 것뿐 아니라, 새로운 형식의 것이 잇따라 개발되

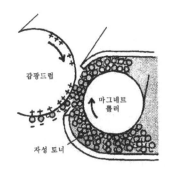

감광드럼

마그네트
롤러

자성 토너

〈그림 6-17〉 복사기의 현상 원리

고 있다. 낡은 것과 새로운 것을 섞어 소개하겠다.

복사기의 심장부—자기력선 브러시

최근 복사기의 보급상태는 정말 눈부시다. 기업이나 관공서 등에서의 사무 처리용 복사기는 1960년대 초에 등장했다.

이 덕분에 필사라든가 등사판 작업 등이 거의 없어졌다고 할 수 있다. 시청이나 동사무소의 창구 사무도 정확하고 깨끗하며 신속해졌다. 학생들 사이에는 선생님의 강의를 대표 한 사람이 노트하고, 나머지는 필요한 만큼 복사를 하는 방법이 유행하고 있다고 한다. 복사기의 공과 허물 중 어느 쪽이 더 클까?

이와 같은 복사기의 내부에서 자석이 중요한 작용을 하고 있는 것을 아는가? 자석의 사용법으로서도 매우 재미있는 방법이므로 소개하겠다.

복사는 사진과 마찬가지로 촬영, 현상, 인화라는 세 가지 과정을 거쳐 완성된다. 자석브러시는 이 중의 현상과정에서 사용된다.

현상이란 것은 노광(露光)에 의하여 감광판 위에 만들어진 눈에는 보이지 않는 상(像), 즉 잠상(潛像)을 눈에 보이는 현상(顯像)으로 만드는 조작이다. 사진에서는 감광이 끝난 필름을 현상액에 담가 화학 처리하여 현상한다.

복사기의 경우는 잠상이 만들어진 감광층(셀레늄과 같은 광반도체라 불리는 물질로 되어 있다)에 색깔이 있는 미립자(Toner)를 발라서 현상한다. 이 미립자는 감광층에서 빛을 받지 않은 부분에 부착하게 되어 있다.

이와 같은 방법으로 현상하기 때문에 토너를 감광층의 표면에 균일하게 바르는 일이 매우 중요하다.

여기서 자석이 등장한다. 안쪽에 자석을 내장한 마그넷 롤러이다. 토너에 철분을 함유시키면 어떨까? 자석을 접근시키면 자극에 부착될 것이다. 그것은 자기력선을 따라 부착되기 때문에 마치 마른 붓끝처럼 앞이 벌어지면서 토너끼리 연결된다.

이것으로 셀레늄 층의 표면을 쓰다듬어 주면, 눈에 보이지 않는 털(자기력선)을 가진 브러시가 감광층에 색깔을 칠한다. 얼룩도 생기지 않고 쓰는 동안에 털이 닳아질 걱정도 없다. 토너에는 마이너스 전하를 주어 플러스 전하를 갖는 잠상인 곳에 잘 부착하게 되어 있다.

이렇게 하여 만든 상에 사진의 인화에 해당하는 조작을 하면 복사가 완료된다.

자석의 응용방법으로 매우 재미있는 방법이다. 뛰어난 착상이라고 감탄하고 있다.

마그네틱과 지퍼

철로 된 재료를 자르거나 깎거나 하려면 그 재료를 공작 기

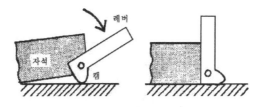

〈그림 6-18〉 캠과 레버로 떼어낸다

계에 고정시켜야 한다. 그러나 그때마다 일일이 금속연장으로
죄이거나 볼트로 고정시키는 것은 번거롭다. 그래서 자석을 이
용한다.

물론 전자석이라도 좋지만 전원이 필요하다. 전원으로부터
코드를 언제나 끌어 와야 한다. 전원이 교류라면 그것을 직류
로 바꾸는 변환장치도 필요하다. 무거운 물체를 들어 올리고
있을 때 정전이라도 되면 큰일이기 때문이다.

영구자석이라면 그런 걱정이 없어 편리하지만, 한번 부착된
것을 떼어 놓을 때는 어떻게 할까? 그것에는 대충 두 가지 방
법이 있다.

하나는 자석과 쇠의 부착면에 특별히 큰 힘이 가해지게 고안
하여 억지로 틈을 만드는 방법이다. 〈그림 6-18〉과 같이 캠
(Cam)과 레버(Lever)를 조합해서 흡착면의 한쪽 끝에 작은 틈을
만든다. 이 틈새가 일단 만들어지고 나면 그 후는 캠의 도움을
빌지 않아도, 사람의 작은 힘만으로 자석을 떼어낼 수 있다.

또 한 가지 방법은 자석을 부착면에서 미끄러지게 하는 방법
이다. 철에 달라붙어 있는 자석을 그 부착면으로부터 수직으로
들어 올리려 하면, 부착력에 정확하게 해당할 만한 큰 힘이 필
요하다. 부착면이 넓거나 할 때는 도저히 불가능한 일이다.

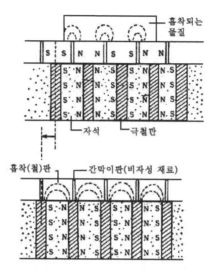

〈그림 6-19〉 마그네틱 지퍼의 원리

그러나 부착면에서 자석을 옆으로 미끄러져 나가게 한다면 훨씬 적은 힘으로도 된다. 그런데 자석을 넓은 부착면에서부터 완전히 벗어날 때까지 옆으로 미끄러져 나가게 할 것까지는 없다.

기계공장에서 실제로 사용되고 있는 공구를 살펴보기로 하자. 이것은 마그네틱 지퍼라고 불리는 공구이다. 철제품을 그 표면에 부착, 고정시켜 깎거나 연마하기 위해 사용된다. 부착면은 한 장의 쇠판이 아니라 N극과 S극이 분리될 수 있게 비자성체의 간막이로 구획되어 있다. 간막이판은 N극, S극이 등간격으로 배열되어 있다.

자석은 서로 이 부착면 밑에서 사이에 극철판(植鐵板)을 끼고 배치되어 있다. 극철판을 경계로 하여 양쪽은 같은 자극이 마주 보게 되어 있으므로, 한 장의 극철판은 N거나 S거나 어느 한 쪽의 극이 된다. 이웃의 극철판은 그것과 반대의 극이 된다는 것도 알았을 것이다.

이들 자극이 각각 부착면의 간막이판에 끼워진 철판부의 바로 밑에 있으면, 그대로의 자극이 부착면에 생기게 된다. 이것으로 공작물을 부착하고, 고정시킨다.

극철 간격의 절반만큼 자석부분을 미끄러지게 하면 자석 자체가 부착면의 철판부 아래로 온다. 이렇게 되면 자석 또는 극철로부터 나가는 자기력선은 부착판 안을 통과할 뿐이고 바깥으로는 나가지 않는다. 모처럼의 부착판이 그 역할을 하지 않기 때문에 부착돼 있던 공작물이 떨어져 나간다.

자석 부분의 이동은 핸들을 활용한 캠을 조작하면 쉽게 할 수 있다.

이와 같은 방법은 마그네틱 지퍼 이외의 공구에도 여러 가지로 응용되고 있다.

박철판 부상기—Sheet Floator

얄팍한 철판이 여러 장 겹쳐 쌓여 있을 때 위로부터 한 장씩 들어 올리는 것은 쉬운 일이 아니다. 종이라면 손가락 끝에 침이라도 발라 들어내면 되지만, 철판이라면 그렇게 쉽지 않다.

이럴 때 도움이 되는 좋은 공구가 있다. 같은 종류의 자극은 서로 반발하는 성질을 이용한 것이다. 자석의 인력이나 부착력을 응용하는 예는 드물지 않지만, 이처럼 반발력을 활용한 것은 드문 예의 하나이다.

지금 직사각형의 박철판이 여러 장 겹쳐 쌓여있다고 하자. 그 끝에 두꺼운 말굽자석을 접근시키면 어떻게 될까?

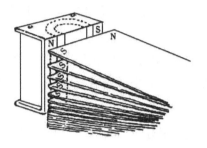

〈그림 6-20〉 철판을 뜨게 하는 구조

　자극면과 대향하여 차곡차곡 겹쳐 쌓여진 철판 한 장 한 장에는 마주 보는 자극과 반대의 극이 생겨 있다. 철판 한 장을 생각하면 그 위아래에 있는 철판에도 같은 극이 만들어져 있을 것이다. 그렇다면 철판끼리는 서로 반발한다. 위에 있는 철판일수록 아래서부터의 반발력이 세 겹, 네 겹으로 작용하고, 위로부터의 반발력으로 아래쪽으로 눌리는 힘이 약해진다. 즉 위쪽에 있는 철판일수록 부상상태가 커져서 다루기 쉬워진다.

　철판을 뜨게 하기 위한 자석은 철판을 사이에 두고 마주 보도록 2개를 사용하면 효과가 더욱 커진다. 공장 등에서는 이렇게 하여 사용하고 있다.

자기 선별기

　도시의 쓰레기 속으로부터 쇠부스러기나 철분을 가려낸다든가, 모래 속에서 사철(砂鐵)만 가려내는 작업에서는 다음과 같은 자석을 응용한 방법이 실제로 사용되고 있다.

　이런 목적에는 자기드럼이 흔히 응용된다. 그것에는 여러 가지 형식의 것이 있지만, 철분을 일단 부착시켰다가 후에 떼어

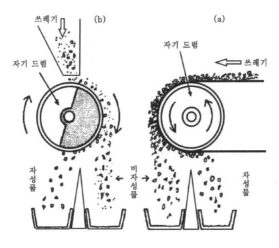

〈그림 6-21〉 철분 선별기의 구조

놓는 같은 원리를 이용하고 있다.

한 가지 방법은 자석이든 드럼과 보통의 드럼 사이에 벨트를 수평으로 걸친다. 벨트에 실려 자기드럼까지 온 쓰레기는 드럼이 있는 곳에서부터 아래로 떨어져 내린다. 이 때 쓰레기 속의 철분은 벨트를 사이에 두고 자석에 끌려 드럼의 아랫면까지 돌아든다. 그러나 그쯤에서부터 벨트는 드럼의 표면을 벗어나게 되므로 철분은 자석과 거리가 생겨 벨트에서 떨어져 나가 낙하한다.

다른 방법에서도 역시 자기드럼을 사용하는데, 이것은 드럼 속에 고정된 자석을 사용한다(앞의 드럼은 자석 자체가 회전하고 있었다). 그 자석은 드럼 속에 가득 차 있는 것이 아니라, 드럼의 절반이나 조금 많을 정도의 장소를 차지하고 있다. 이 고정 자석의 바깥쪽을 드럼의 동체가 회전하게 되어 있다.

이 드럼의 위로부터 쓰레기를 뿌려주면, 철분은 이 동체를 따라 자석에 끌리면서 드럼의 아래쪽으로 내려가고, 더 나아가면 자력이 미치지 않게 되어 철분도 떨어지게 된다.

실제로 사용하고 있는 장치 중에는 쓰레기 속으로부터 철분을 빨아올리는 형식의 것도 있다. 이 경우는 한번 부착한 철분을 자석으로부터 옆으로 미끄러지게 해서 떨어뜨리고 있다.

이와 같이 하여 영구자석이라 하더라도 철을 부착한 채로 두지 않고 자동적으로 떼어 놓을 수가 있다.

스테핑 모터

스테핑 모터(Stepping Motor)는 모터 중에서도 별난 종류이다. 더구나 그것은 특별한 곳에서가 아닌 주변에서도 최근에는 아주 예사롭게 사용되고 있다.

손목시계는 우리와 아주 밀접한 물건인데, 디지털 방식이 아닌 바늘식 시계(물론 태엽식은 별개지만)에 이 모터가 사용되고 있다.

이것은 스테핑이라는 이름 그대로 스텝을 밟듯이 획획 돌아가는 모터이다.

스테핑 모터가 손목시계에서 어떻게 사용되고 있는지 시계 뒤의 뚜껑을 열어 그 속을 들여다보자. 여태까지의 태엽식에서는 톱니바퀴가 많이 들어 있었는데 이것에서는 거의 눈에 띄지 않는다. 물론 태엽도 없다. 아주 적은 부품으로 태엽식보다 훨씬 정확한 시계가 값싸게 만들어진다. 그 비밀은 쿼츠(수정)진동자와 스테핑 모터에 있다고 하겠다.

이 모터에서는 회전하는 쪽의 로터(Rotor)에 사마륨 코발트자

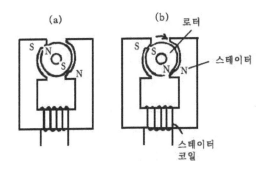

〈그림 6-22〉 스테핑 모터의 원리

석과 같은 작고 강력한 자석을 쓰고 있다.

스테이터 쪽에서는 1초마다 플러스, 마이너스로 번갈아 방향을 바꾸는 순간적인 신호전류(펄스전류라고 한다)가 코일에 흐르게 되어 있다.

로터자석의 N극을 마주 보고 있는 쪽이 이 펄스전류에 의해 N극이 되면 반발작용으로 로터가 180도 회전한다. 1초 후에는 스테이터의 N-S극이 반대가 되므로 로터는 다시 180도 회전한다. 이렇게 하여 로터는 1초마다 180도씩 회전한다.

이것이 스테핑 모터의 원리다. 그러나 문제가 있다. 스테이터로부터 받는 반발력으로 180도씩 회전하는 것은 사실이지만, 언제나 같은 방향으로 반발된다는 보증은 없다. 처음에는 우로 돈 후에 잠깐 쉬었다가 다음에는 좌로 돌는지도 모른다.

이렇게 되지 않게 실제의 모터에서는 로터의 N-S극이 스테이터의 중심축에 대해 약간 경사한 위치에서 잠깐 쉬게 하는 연구 등이 되어 있다. 〈그림 6-22〉에 보인 것은 그런 모터의 한 예이다.

스테이터코일에 1초마다 펄스전류를 보내 주는 주역은 쿼츠 진동자이다. 쿼츠는 1초 동안에 32,768(2^{15})번이나 진동한다. 이것을 펄스전류로 바꾸어 15단계로 나누고, 1단계마다 진동수를 절반으로 해 간다. 그러면 마지막에는 1초 동안에 한 번의 신호로 된다. 이 펄스전류로 로터가 구동된다.

스테핑 모터는 시계 이외에도 퍼스컴의 플로피디스크(Floppy Disc)에 쓰이는 수W의 소형인 것에서부터 수치제어(數値制御)공작기계 등 산업기계용인 수 킬로와트의 대형기에 이르기까지 광범하게 이용되고 있다. 또 리니어 모터에 대해서는 마지막 장의 리니어 모터카에서 설명하겠기에 여기서는 그런 모터가 있다는 소개로 그쳐 두겠다.

전기솥

쌀을 생산하는 농가와 농협(農協) 등에 있어서는 국민이 쌀밥을 먹느냐 아니냐 하는 것은 사활이 달린 큰 문제다.

전국 농업협동조합 중앙회와 재계(財界)의 높은 사람들 사이의 대담이 어느 잡지에 실려 있었다. 그 중에서 농협쪽 사람이 다음과 같은 의미의 발언을 하고 있다.

「쌀의 소비확대에 가장 도움이 되는 것은 자동취사기입니다. 한때는 귀찮다고 아침을 빵으로 때우고 있던 사람들도, 전기밥솥 덕분에 쌀로 되돌아 왔습니다. 농림수산성 이하 우리는 전기메이커에 감사장을 드리고 싶은 심정입니다」

이것은 농담 같기도 하지만 진정일 것이다. 그렇지 않아도 쌀과 멀어져 가고 있는 판국에 골치를 앓고 있던 생산자 측에게는 이 자동밥솥이야말로 구원의 신이었을 것이다.

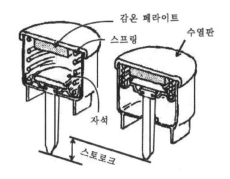

〈그림 6-23〉 감온 페라이트의 자동스위치

　그렇다면 자동밥솥이 왜 그렇게 많이 보급될 수 있었을까? 그 최대 이유는 밥이 다 지어졌을 때, 자동적으로 더구나 확실하게 전기가 끊어지는 장치가 만들어졌기 때문이다.

　그 원동력이 된 것이 자석이다. 자석메이커의 입장에서 앞의 발언을 빈다면, 쌀 소비확대의 수훈자는 자석이라 할 것이다.

　요즘은 자동 전기밥솥도 유행하는 마이컴 제어로 바뀌어졌다. 밥을 짓는 비결은 「처음에는 살금살금, 중간에는 확……」이라고 하는 복잡한 가열 방법을 마이컴 제어로 실현할 수 있게 되었다.

　밥이 다 지어졌을 때 전기밥솥의 전기를 끊어주기만 해도 밥을 잘 지을 수 있다. 이와 같은 수동식 전기밥솥은 1930년대에 이미 시판되고 있었다. 하지만 불편한 데다 전력 값도 다른 물가에 비해 비싸던 시대였기 때문에 극히 한정된 가정에서 사용되었다.

　그것이 지금은 어떤가? 지금은 전국의 모든 가정은 물론 하숙생활을 하는 학생들의 방에까지 갖추어져 있다. 이렇게 된

도화선 구실을 한 것이 자석식 자동밥솥이다.

자석식이라고 하는 까닭은 자석과 온도에 민감한 페라이트의 한 무리인 자성체를 조합하여 자동스위치로 하고 있기 때문이다.

여러분은 "퀴리온도"를 기억하고 있을 것이다. 자성체의 온도를 높여 가면 어느 온도에서 자성을 잃어버린다. 그 온도를 말하는 것이었다. 자성을 잃는다는 것은 자성체가 자석에 달라붙지 않게 되는 것이다. 앞에서 온도에 민감한 자성체라 말했는데, 그것은 이 경우 퀴리온도를 밥의 완성 온도에 일치시킨 재료를 가리키고 있다. 실온에서 이 자석은 재료에 부착해 있으나 밥이 다 지어지면 탁 떨어진다, 이 작용을 이용해서 스위치를 끊는다.

좀 더 구체적으로 설명하겠다.

자동밥솥에서는 물을 알맞게 조절한 쌀이 앉혀있는 안솥 바닥에 온도를 감지하는 감온부(感溫部)가 접촉하게 되어 있다. 안솥 속의 수분이 쌀에 잘 흡수되고 또 증발하면 밥이 지어진다. 그대로 두어 두면 누룽지가 생기지만 그 직전 온도에서 스위치가 끊어지면 된다. 감온부의 페라이트 무리인 자성체의 퀴리온도는 이 온도에 맞춰 있다.

밥을 짓기 시작할 때 자석을 들어 올려주면 스프링의 힘에 거역하여 자석은 감온페 라이트에 부착한다. 퀴리온도까지 온도가 올라가면 자석은 스프링의 힘으로 감온페라이트에서 떨어져 내리 눌려지고 스위치가 끊어진다.

온도가 내려가면 페라이트는 다시 자성을 갖지만, 자석은 스프링의 힘에 방해되어 이것에 부착할 수가 없다. 전류가 끊어진 채로 있게 된다. 전류는 자석을 레버로 들어 올려주어야 비

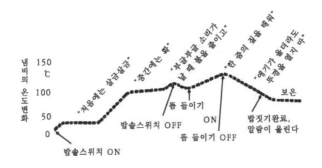

〈그림 6-24〉 마이컴 밥솥의 온도변화

로소 흐른다.

마이컴식 밥솥의 출현

밥을 짓는 데는 「처음에는 살금살금, 중간에서는 확…」이라고 말했는데 무슨 뜻인지 알겠는가? 이것은 밥을 장작 따위로 지을 때 불을 조절하는 방법을 말한 것이다.

마이컴식 밥솥에서는 밥을 짓는 도중에 열을 가하는 방법(전류를 흘려보내는 방법)을 이 밥짓기의 비결에 따라 변화시키도록 하고 있다. 일정 온도에서 전류를 끊는 것만이 아니다. 온도는 반도체(半導體)로써 측정하면서, 시간이나 밥의 양 등을 마이컴으로 계산해서 전류를 제어 한다.

전류는 이를테면 〈그림 6-24〉와 같이 제어되어 다 지어진 후 뜸을 들이거나 보온하거나 할 수도 있는 것이 마이컴식의 큰 특징이다.

이렇게 되면 자석이 등장할 기회가 없을 것만 같다. 그러나 아직 자석과의 인연은 끊어지지 않는다. 마이컴으로 전류를 끊었다 넣었다 하는 셈인데, 그것을 위해 자석을 응용한 스위치를 사용한다. 리드스위치라는 작은 스위치다.

이것은 전류를 끊었다 흘려보냈다 하는 부분이 자성체로 만들어져 있고 자석으로 동작한다. 접점 부근에 자석을 두면 그것에 끌려서 접점이 닫히고 전류가 흐른다.

리드스위치는 본래 전화교환기 등의 통신기기에 사용되었는데 그것이 용도를 넓혀 밥솥과 같은 가전 용품에도 이용되고 있다.

현대는 자석이 없으면 밥도 지을 수 없는 시대인 것이다.

상자 속에 넣으면 펄떡 뛰어 오르는 심술쟁이 아가씨

7장
자석과 최첨단 기술

1. 핵자기공명 단층사진장치

자석 이야기도 드디어 막바지에 다다랐다. 과학과 기술의 발달에 따라 보다 작고, 보다 강력한 자석이 요구되어 왔다. 그 결과 전에는 상상도 할 수 없었던 훌륭한 성능의 영구자석—란타넘계열 철자석—이 실용화되기에 이르렀다. 그래도 아직 부족하다 하여 우리는 초전도자석까지 끌어 들여 인류의 꿈을 실현시키려 하고 있다. 그 예가 자기부상식 초고속열차이며 자기냉동(磁氣冷凍)이다.

자기로 그려내는 생체의 단면사진

자석을 이용한 첨단 장비 가운데 꿈이 아닌 이미 실용화되어 있는 의료용 핵자기공명 단층사진장치(核磁氣共鳴斷層 寫眞裝置)가 있다. 한자로만 쓰면 열 한자나 늘어서는 엄숙한 듯한 장치지만, X선 등을 사용하지 않고 생체의 단면사진을 찍는 장치다. 약어로는 NMRCT라 한다. NMR은 핵자기공명(Nuclear Magnetic Resonance), CT는 컴퓨터 토모그래피(Computer Tomography, 단층촬영 장치)라는 뜻이다.

어쨌든 간에 어떤 사진이 찍혀지는지, 이 장치에 의한 필자 자신의 머리의 단면 〈사진 7-1〉을 보아주기 바란다. 사진을 보기까지는 자신도 뇌의 어딘가에 구멍이라도 뚫어져 있지 않을까 하고 걱정했으나 이것으로 안심했다.

우리의 뇌세포는 140억 개나 있는데, 30세를 지나면 하루에 20만 개쯤이 죽어 간다고 한다. 이 비율로 나가면 필자의 뇌세포는 30억 개 가까이 줄어든 셈이다. 그 몫만큼 구멍이라도 났

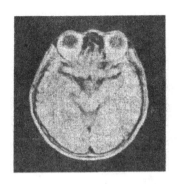

〈사진 7-1〉 NMRCT에 의한 머리 부분 단면사진

을까 하고 걱정했었는데 아직은 괜찮은 것 같다.

생체 검사를 하고 싶은 부분에 균일하고 강한 자계를 가하면, 거기에 있는 수소의 원자핵이 마치 팽이의 목 흔들기와 같은 회전운동을 한다. 거기에 적당한 진동수를 가진 전자기파를 가하면 공진현상(共振現象)이 일어난다. 그것과 박자가 잘 맞게 힘을 가해 주면 목 흔들기 운동이 크고 세차게 된다.

라디오에서 방송국의 주파수에 맞추어 동조시키는 것과 같다. 라디오에서는 수신기로 들어오는 전파의 주파수에 맞추도록 하지만, 여기서 말하고 있는 것은 그 반대이다. 일정한 주파수에 맞게 한 수신기가 있고, 그 주파수에 맞는 전파를 외부로부터 가하는 것이다.

이렇게 하여 수소원자핵의 상태를 잡아 컴퓨터로 처리하는 등 고도의 기술을 집약한 결과 생체의 단면사진이 얻어진다. 이와 같은 사진은 단층사진이니 단층화상(斷層畵像)으로 불리며, 최근에는 X선을 이용한 장비가 보급되고 있다. 핵자기 공명법

178

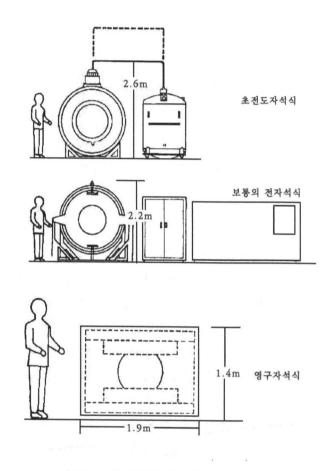

초전도자석식

보통의 전자석식

영구자석식

2.6m

2.2m

1.4m

1.9m

〈그림 7-2〉 핵자기공명장치의 소형화

에 의하면 방사선을 쓰지 않기 때문에 안전성이라는 면에서 매우 뛰어나다.

이 방법에서는 인간의 동체와 같은 넓은 부분에 균일하고 강한 자계를 주지 않으면 안 된다. 그 때문에 초전도자석이 사용된다. 그런데 이 경우는 극저온을 필요로 하기 때문에 냉각장치 등 부속설비가 필요하여 대형이 안 될 수가 없다.

이 결점을 보완하기 위해 초전도가 아닌 보통의 전자석을 쓰는 장치가 실용화되어 있다. 다만 자계의 세기는 초전도방식의 1/3 정도로 떨어진다. 또 대전류를 흘려보내야 하기 때문에 대량의 냉각수를 순환시키는 것이 큰일이다. 그 몫만큼 대형이 된다.

그래서 강력한 영구자석이 등장한다. 최신의 란타넘계열 철 자석을 사용하면, 보통 전자석과 초전도자석의 중간 세기의 자계를 만들 수가 있다. 더구나 전자석용으로서의 코일이나 그것을 위한 전원이 필요하지 않기 때문에 소형화된다.

영구자석식이 다른 두 가지 형식과 비교하여 얼마나 더 소형으로 되는지 〈그림 7-2〉를 보면 잘 알 수 있다. 도시한 것은 이들 세 가지 방식의 장치를 만들고 있는 메이커의 것이다. 이 것으로 각각의 크기를 비교할 수 있을 것이다.

영구자석으로는 네오듐-철 계통의 자석이 소형 장치라고는 하나 8톤이나 사용되고 있다.

2. 리니어 모터카

자석이 차바퀴 구실을 한다

초전도자석을 응용한 실현이 가까운 것에 자기부상(磁氣浮上)에 의한 리니어 모터카(Linear Motorcar)가 있다.

레일 위를 차바퀴로 달려가는 종전의 철도에서는 차의 시속은 200㎞에서 고작해야 300㎞이다. 그 이상 더 빠르게 하려

하면 차바퀴가 레일 위에서 헛돌아 버린다. 이 벽을 넘어서려면 차바퀴에 의한 주행방식이 아닌 다른 방식이 필요하다.

그래서 등장한 것이 차체를 자기로써 떠오르게 하여 리니어 모터라는 모터로 달려가게 하는 방식이다.

자기로 떠오르게 한다면 우선 생각할 수 있는 것이 반발식일 것이다. 자석의 같은 극끼리를 상하로 마주 보게 해 주면 위의 것이 떠오를 것이다.

자석의 인력에 의한 부상방식(일본항공)

자석에 의한 부상(浮上)방식에는 반발식이 아니라 인력을 이용하는 방법도 가능할 것이다. 현수식(懸垂式) 모노레일(Monorail)과 같은 레일을 설치하고, 차체의 지붕에 자석을 붙여서 매달자는 사고방식이다. 다만 레일에 흡착해 버리면 차가 달려가지 못하기 때문에, 약간 간격을 둔 상태에서 레일에 잡아당겨 두자는 것이다. 위험하고 곤란한 일처럼 보이지만 간격을 잘 컨트롤하는 기술이 진보해서 실현이 가능하게 되었다.

현재 개발이 진행되고 있는 것으로는 자석이 차체의 지붕 위가 아니라 바닥에 부착되어 있다. 차체를 매달기 위한 자석은 이 자석의 위쪽에서부터 끌어당겨지지 않으면 안 된다. 그것에는 두 가지 방법을 생각할 수 있다.

차체를 인간에다 비유하면, 둘 다 두 발로 서 있는 발등에 자석을 붙여놓고 있는 꼴이다. 한 가지 방법은 일본 여성에 많은 안짱다리를 극단적으로 만든 것이라고 생각하면 될 것이다. 두 다리의 발끝을 안쪽으로 90도를 비틀어 마주 보게 한 형상이다. 그 등에 자석을 장착한다. 이것으로 단면이 T자형인 레일을

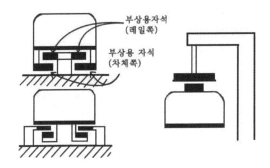

〈그림 7-3〉 인력식 자기부상의 형식

껴안듯이 하여, T의 수평부 아래쪽에 현수용 자석을 붙인다.

또 하나의 방법에서는 마치 무용수처럼 발끝을 바깥쪽으로 돌려 그 등 위에 자석을 장착한다. 현수용 자석은 역 L형 레일의 아래로 향한 면에 붙여져 있다.

이 방식은 일본항공(日本航空)회사가 채용해 개발을 추진하고 있다.

일본항공에서는 도쿄(東京) 도심과 나리타공항을 연결하는 시속 300㎞의 새로운 교통기관으로서 부착식 부상차의 개발을 추진했다. 1972년에 착수하여 1978년에는 시속 300㎞를 내는 데 성공했다. 1985년이 되자 내외 정세로 말미암아 일본항공으로서는 더이상의 개발을 단념하고, 다른 회사에 의해 이 작업이 계속되고 있다.

차체 발밑의 끝에 붙여져 있는 부착용 자석은 보통의 전자석이다. 그것에 필요한 전류는 지상에 설치한 집전(集電)레일로부터 집전자(集電子)에 의해 차체로 도입하게 되어 있다.

초전도자석이 아니기 때문에 차체에 냉각용 액체헬륨을 실을

〈사진 7-4〉 일본항공회사의 자기부상차(HSST)

필요가 없는 대신, 고속으로 달려가는 차체에 외부로부터 끊임 없이 전류를 공급하지 않으면 안 된다.

이와 같은 자기 인력에 의한 부상법은 외국에서도 연구되고 있다. 독일의 MVP(자기부상철도 시험계획회사)는 실험차량이지만 시속 320㎞의 운전에 성공하고(1985) 다시 시속 400㎞을 목표 로 개발을 추진하고 있다.

자석의 반발력에 의한 부상방식(일본 국철)

인력방식에 대해 일본의 국영철도(國鐵)에서는 반발 부상식을 채용, 이것도 또 실용화를 향한 실험이 진행 중에 있다.

반발식의 경우는, 차체가 가라앉아 차체 쪽과 레일 쪽의 간 격이 좁혀지면 반발력이 강해져서 차체가 들린다. 지나치게 올 라가면 반발력이 약해지기 때문에 차체가 내려간다. 이렇게 해 서 차체와 레일의 간격은 반발력만 충분하다면 자동적으로 조 절된다.

자석끼리의 반발력으로 부상하게 한다고 말은 쉽게 하지만, 열차와 같은 무거운 물체를 부상케 한다는 것은 대단한 일이다.

그 때문에 큰 반발력을 낼 수 있는 초전도자석을 사용한다. 이 초강력 자석을 차체에 장착하고 지상에 배열해 있는 코일과의 사이에 강렬한 반발력을 일으켜 차체를 떠오르게 하는 것이다.

이것은 유도 반발식(誘導反撥式)이라 불리는 방식으로, 지상의 코일에는 일부러 전류를 흘려보내지 않아도 된다. 「아니, 정말입니까? 전류를 흘려보내지 않고서 어떻게 반발력이 일어나죠?」하고 생각할 것이다. 이 의문은 당연한 일이지만 그것은 이런 것이다.

이상한 표현이지만, 지상의 코일에는 특별히 전류를 흘려 보내려 하지 않아도 전류가 흐른다. 전류가 유도되어 흐르는 것이다. 그것은 무엇을 말하는 것일까? 5장에서 설명한 「패러데이의 전자기 유도현상」을 생각하면서 다음을 읽어주기 바란다.

차체에 실린 초전도자석이 시속 200㎞ 이상의 고속으로, 지상의 코일 위로 돌진해 오면 어떻게 될까? 지상의 코일에는 굉장히 많은 자기력선이 갑자기 관통하게 된다. 지상의 코일 쪽에서는 그런 변화가 일어나 주지 않았으면 한다. 그래서 지상의 코일은 스스로 전류를 일으켜 전자석이 되어, 갑자기 침입해 온 자기력선을 지우는 것과 같은 방향으로 자기력선을 발생시킨다.

패러데이의 전자기 유도현상이 이것이며, 유도되어 흐르는 전류의 방향도 5장에서 설명한 사고방식을 위와 같이 적용시키면 된다.

바꿔 말하면, 차체 자석의 고속 진입에 의해 지상의 코일은 전자석으로 되고, 그 극성은 대향하는 차체 자석의 극과 같아진다. 그래서 양쪽 사이에 반발력이 발생하게 된다.

반발력은 차체 자석의 세기가 강할수록 강력해지는 것은 물론이지만, 돌진해 오는 차체 자석의 속도에도 영향을 받는다. 이 속도가 빠를수록 유도되는 전류가 커지고 반발력도 커진다.

그것은 속도 제로, 즉 정차해 있을 때는 반발력(부력)도 제로이기 때문에 속도가 느릴 때는 차체를 부상시킬 만한 반발력이 얻어지지 않는다는 것을 의미하고 있다. 그러므로 자기부상 차량에서도 속도가 느린 동안은 차바퀴로 차체를 지탱하고, 충분한 속도(일본 국철의 실험에서는 시속 150㎞ 정도)가 되고 나서부터 자기부상으로 전환한다.

비행기가 처음에는 바퀴로 활주하고 속도가 올라간 다음에야 공기의 부력에 의지해 이륙하는 것과 비슷하다.

일본 국철에서는 미야자키현 히우가시(宮峰除日向市)에 만든 실험선로에서 연구를 추진하고 있다. 실험열차 MLU001은 그 길이가 약 10m이고 중량은 약 10톤이다. 3량이 연결된 이 차는 무려 10㎝나 부상해 220㎞의 시속을 내었다. 2량 연결에서는 시속 300㎞를 넘게 내고 있다.

10㎝라는 부상고도를 여러분은 어떻게 생각할까? 의외로 적다고 생각할까, 아니면 굉장한 것이라고 생각할까?

두 개의 자석 사이에 작용하는 힘을 생각해 보자. 인력 쪽이 알기 쉬울 것이다. 먼저 다른 극끼리를 마주 보게 하여 두 자석을 밀착시킨다. 밀착해 있는 것을 떼어내는 데는 상당한 힘이 든다. 그러나 1㎜라도 틈만 생기기만 하면 그 뒤는 수월하게 간격을 넓힐 수가 있다. 마분지라도 사이에 끼어 조사해 보면 이것을 잘 알 수 있을 것이다. 간격이 2~3㎝나 되면 자석 사이의 힘은 거의 느껴지지 않는다.

〈사진 7-5〉 일본 국철의 자기부상 실험차. 측면에 추
진 안내코일, 지상에 부상코일이 보인다

　이와 같은 힘의 세기는 여러분이 잘 알고 있는 거리의 제곱
에 반비례하여 약해지는 것이다. 위와 같은 실험을 하면 이것이
실감될 것이다. 물론 인력이 아니라 반발력에서도 마찬가지다.

　이렇게 생각하면 3량 연결에서 30톤이나 되는 열차를 10㎝
나 부상시킨다는 것은 굉장한 일이다. 그것을 초전도자석이 해
내는 것이다.

　열차의 좌우 진동도 같은 방식으로 제어한다. 이것은 차체
안의 초전도자석과 차체 벽에 마주보게끔 지상 쪽에 설치된 안
내 코일에 의해 이루어지고 있다. 좌우의 진동은 그것을 규제
하는 5톤 정도의 힘에 의해야 10㎝ 내로 컨트롤된다.

　덧붙여 말하자면, 유도 반발법에서는 영구자석에 해당하는
쪽에 유도전류가 흘러 주면 된다. 그렇다면 거기에 코일이 없
더라도 전류가 흐르는 도체가 있으면 된다. 그러므로 코일이
아닌 알루미늄 판 등을 두어도 된다.

코일이건 금속판이건 전자석이 아니기 때문에 지상용에는 전원이 필요 없다. 초초 강력자석은 차체 쪽에만 있으면 된다. 차체 쪽에서는 초전도자석이기 때문에 최초에 흘려보낸 전류가 언제까지고 흐른다. 열차의 주행 중에 바깥으로부터 전류를 공급할 필요가 없다. 그러나 초전도상태로 유지하기 위해 코일을 -269℃의 액체헬륨 속에 담가두어야 한다. 그 장치만은 필요하다.

리니어 모터

반발식이건 흡인식이건 차체가 공중에 떠 있는 점에서는 마찬가지이다. 차바퀴가 없는데 그런 것을 어떻게 달려가게 할까? 프로펠러나 제트엔진이라는 것도 지상에서 고속으로 주행시키는 데는 부적당하다. 여기서도 또 자석이 리니어 모터라는 형태로 등장한다.

리니어 모터란 보통의 뱅글뱅글 회전하는 모터의 바깥쪽을 절개하여 판판하게, 즉 직선모양(Linear)으로 늘인 것과 같은 것이라고 흔히들 설명하고 있다. 그러나 그것으로는 알기 힘들 것이므로 다른 설명으로 하겠다.

그 원리는 결국, 자석끼리의 인력과 반발력을 교묘하게 이용하고 있다.

열차의 측면에 초전도자석의 N와 S극을 번갈아 배열한다. 그것과 상대하는 지상 쪽에 전자석을 역시 N-S극이 번갈아 있게 접속해 둔다.

차체 쪽의 S극 앞쪽과 뒤쪽에 각각 지상 쪽의 N극과 S극이 있으면, 차체의 S극은 앞에서부터 인력, 뒤에서부터 반발력을 받아 전진한다. 다음 순간 지상의 N-S가 전환되어 S-N극이 되

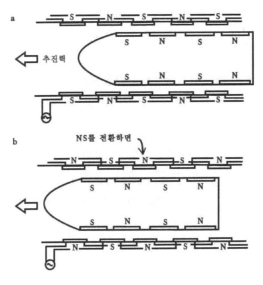

〈그림 7-6〉 리니어 모터카의 추진 원리

면 차체는 계속하여 전진한다.

지상 쪽의 N-S가 전환된다고 했는데, N와 S의 배열은 그대로 있고 열차의 진행방향으로 전자석 1개 몫이 처진다고 생각해도 같은 결과이다. 그 상태는 〈그림 7-6〉을 보면 잘 알 수 있다.

이와 같은 일이 고속으로 반복되면 열차도 같은 고속도로 달려가는 것이다.

리니어 모터를 초고속 철도에 응용하려는 생각을 일본의 국철이 정식 연구테마로 채택한 것은 1962년이었다. 이것은 도카이도 신칸센(東海道新幹線)이 개업하기 2년 전에 해당한다.

10년 후에 도쿄의 철도기술연구소에서 초전도식 자기부상 실험차의 시험주행에 성공했다.

그 후 1979년 국철은 미야자키(宮峰)의 실험선에서 무인 실험차이지만 시속 500㎞ 이상으로 안정된 자기부상 주행을 성공시켰다.

82년에는 실험차 MLU001로, 처음으로 사람이 탄 주행시험을 실시했다. 3량 연결에서 시속 220㎞에 머문 것은 전원의 능력부족과 실험선이 단거리라는 점에서 어쩔 수가 없었다.

1986년 일본 국철에서는 분할-민영화를 앞두고 그 이전에 실용형 차(약 40인승)에 의한 실험에 들어가기를 기대하며 분발하고 있다. 실험선이 짧아 부득이 하지만 시속 420㎞까지 낼 계획이다.

3. 자기냉동―자석으로 식힌다

쇼킹 한 제목을 붙였지만 이것은 꿈이라고만 할 수 없다.

자기냉동(磁氣冷凍)이란 귀에 선 말이나 이것이 처음 성공한 것은 반세기나 전인 1934년의 일이다. 이 때 -272℃ 이하라는 초저온을 만들어 내었다.

그 후도 이 냉각법은 위와 같은 초저온을 대상으로 연구가 계속되고 있었다. 이것이 최근에 와서 재료나 기술의 진보에 따라 보통 온도에서도 응용할 수 있지 않을까 하고 생각하게 되었다.

기화열냉각법

그 설명에 들어가기 전에, 현재 가장 일반적인 냉각기술인

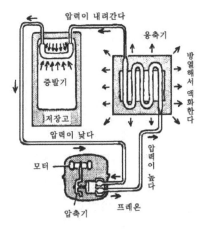

압력이 내려간다

응축기

방열해서 액화한다

증발기

저장고

압력이 낮다

압력이 높다

모터

압축기

프레온

〈그림 7-7〉 전기냉장고의 원리

기화열 냉각법(氣化熱冷却法)을 간단히 설명하겠다. 이것은 가정
용 쿨러(Cooler)나 냉장고 등에 이용되고 있는 것이다.

이 방법은 그 이름이 가리키듯이 액체가 증발하여 기체가 될
때, 주위로부터 기화열을 뺏어간다는 현상을 이용하고 있다. 땀
이 증발해서 체온을 내리고, 한여름에 물을 뿌리면 시원해지는
것도 마찬가지 일이다.

냉장고에서는 프레온(Freon)이라는 가스를 먼저 압축기로 압
축해서 고압으로 한다. 이 때 온도도 높아진다. 자전거의 타이
어에 공기를 넣을 때 펌프가 뜨거워지는 것과 같은 이치다.

고압, 고온의 프레온가스는 냉장고의 등 쪽에 붙어 있는 방
열 겸 응축기로 유도된다. 가스는 자신이 갖고 있던 열을 방열
기로 발산시켜 액체로 바뀐다. 겨울에 따뜻하게 한 실내에서
공기 속의 수증기가 유리창에서 냉각되어 그 표면에 이슬이 생
기는 것과 같은 현상이다.

액상으로 된 프레온은 냉장고 안의 상부에 있는 증발기로 들어간다. 여기서는 프레온이 기화하는데 필요한 기화열을 냉장고 안으로부터 흡수하여 다시 가스로 환원된다.

그 후는 이 가스를 압축기로 유도해서 압축하고 이상의 과정을 반복함으로써 냉장고 안이 저온으로 유지된다.

즉 냉장고에서 사용되고 있는 기화열 냉각이란, 냉장고 안의 여분의 열량을 증발실에서 기화열로서 빨아올려 그것을 응축열로서 방열기로 냉장고 밖으로 배출하는 구조이다.

냉장고 속의 열량을 펌프로 바깥으로 퍼내는 것과 같은 것이므로, 냉장고가 놓여 있는 방의 온도가 약간 높아지는 것은 어쩔 수 없다.

〈사진 7-8〉
피엘 퀴리
(1859~1906)

퀴리온도와 자기냉각

서두가 길어졌으나 이것으로 자기냉각의 본론으로 들어 갈 준비가 되었다.

우선 처음에 유명한 퀴리부인의 남편이던 피엘 퀴리(Pierre Curie)의 생각을 소개하겠다. 이 사람은 자기 분야에서도 빛나는 업적을 올린 물리학자로서 앞에서 공부한 "퀴리온도"라는 것은 그의 업적의 하나이다.

퀴리는 가스가 응축하여 액체가 되듯이 상자성체도 응축하여 강자성체가 된다고 생각했다. 다만 이 경우는 가스와 액체처럼 그 모습(전문적으로는 相이라 한다)에 있어서의 변화는 수반하지 않는다.

이 생각에 따르면, 자기를 이용하여 냉각을 할 수 있는 것이 아닐까?

여기서 또 잠깐 간주곡 같은 이야기를 하겠다.

가스분자는 자유로이 돌아다니고 있으므로 「무질서한 상태」에 있다고 하자. 결정과 같은 고체에서의 원자 또는 분자는 정연하게 격자모양으로 배열해 있다. 그 정해진 위치를 중심으로 하여 온도에 상응하는 열진동을 하고 있는데 이것은 「정돈된 상태」라고 할 수 있다.

액체는 이 「정돈된 상태」와 「무질서한 상태」의 중간에 해당한다. 여기서는 가스의 「무질서한 상태」와 비교해서 생각하기 때문에 일단 「정돈된 상태」라고 해 둔다.

이렇게 정하면 기화열 냉각은 「정돈된 상태」의 프레온이 「무질서한 상태」가 될 때 주위로부터 열을 빼앗는 것에 바탕하고 있다.

강자성 물질에서는 미니자석이 모두 같은 방향을 향해 정렬해 있으므로 「정돈된 상태」이다. 그것이 퀴리온도를 넘어 상자성이 되는 것은 「무질서한 상태」가 된다는 것을 말한다. 강자성체는 이 때 주위로부터 열을 흡수한다.

이상이 자기냉각의 기본원리이다. 이것을 실행에 옮기려면 어떻게 할까?

냉각을 위한 주역인 강자성체(그 역할은 기화열냉각의 프레온에 해당한다)를 먼저 정해야 한다.

그 강자성체로는 철이나 니켈, 코발트로는 쓸모가 없다.

그것은 퀴리온도가 높기 때문이다. 상온 부근에 퀴리온도가 있는 가돌리늄(Gadolinium, Gd, 원자번호 64)이라는 란타넘계열 금속 등이 적당하다고 되어 있다.

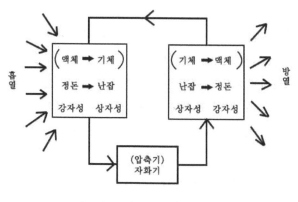

〈그림 7-9〉 자기냉각의 원리

이와 같은 강자성체를 먼저 자화하여 「정돈된 상태」로 한다. 이 때 열이 나오므로 그것은 방열기로 전달해서 바깥으로 내보 낸다(냉장고의 방열기에 해당). 자화를 멎게 하면 「무질서한 상 태」가 되어 자성체가 냉각된다. 이 때 자성체와 냉각기가 연결 되어 있으면 그것이 냉장고의 증발기와 같이 식히고 싶은 물질 의 주위로부터 열을 흡수한다.

이렇게 말하면 자기냉각은 금방이라도 실현될 수 있을 것 같 은 마음이 들지만 그렇게는 되지 않는다. 자성체를 자화하는 데 필요한 자계가 큰일이다. 전문단위를 사용하면 거기서는 6~7테슬라(Tesla, T)의 자속밀도가 필요하다. 페라이트자석에서 는 0.1T 이상으로는 되지 않는다. 연구실의 보통 전자석에서는 기껏 2T 정도를 내는 것이 고작일 것이다.

수 테슬라라는 강대한 자속밀도를 만드는 데는 초전도자석에 의존하지 않으면 안 된다. 자기냉각에서는 기화열 냉각의 기체 대신 강자성체를 사용하고, 압축기 대신 초전도자석을 이용한

다고 해도 된다. 자석투성이의 냉각법이다. 자석으로 식힌다고
말한 이유가 여기에 있다.

그러나 가정용 자기냉각식 냉장고가 가까운 장래에 만들어진
다고는 말할 수 없다. 초전도자석 등은 도저히 가정용이라고
할 수가 없는 것이기 때문이다. 그러나 불가능을 가능하게 하
는 것이 과학과 기술의 진보이다. 가정용 냉장고나 쿨러에까지
자석의 응용분야가 언젠가는 넓혀져 갈 것이다.

마지막에

이상, 자석 자체와 그것의 응용에 대한 여러 가지 이야기를
했다. 마술놀이까지 포함하여 신변의 일에서부터 앞으로 어떻
게 진보해 갈 것인지 짐작조차 못할 하이테크까지 대충 해설한
셈이다.

이 책을 읽게 된 것을 기회로 좀 더 고도의 전자기나 자성재
료 등의 학습에 본격적으로 들어가 보자―그런 믿음직한 독자
가 한 사람이라도 더 많이 나타나기를 바라면서 끝을 맺는다.

흔들리거나 바람이 불어도 괜찮은 자석판과 철제 트럼프

자석의 ABC
자침에서부터 초전도자석까지

초판 1쇄 1987년 10월 30일
개정 1쇄 2020년 05월 12일

지은이 나카무라 히로시
옮긴이 손영수
펴낸이 손영일
펴낸곳 전파과학사
주소 서울시 서대문구 증가로 18, 204호
등록 1956. 7. 23. 등록 제10-89호
전화 (02)333-8877(8855)
FAX (02)334-8092
홈페이지 www.s-wave.co.kr
E-mail chonpa2@hanmail.net
공식블로그 http://blog.naver.com/siencia

ISBN 978-89-7044-934-0 (03420)
파본은 구입처에서 교환해 드립니다.
정가는 커버에 표시되어 있습니다.

도서목록

현대과학신서

도서목록
BLUE BACKS